# 液相色谱分析及应用

林 塬 著

中国原子能出版社

**图书在版编目（CIP）数据**

液相色谱分析及应用 / 林塬著. --北京 ：中国原子能出版社，2023.7

ISBN 978-7-5221-2869-6

Ⅰ．①液…　Ⅱ．①林…　Ⅲ．①液相色谱–化学分析
Ⅳ．①O657.7

中国国家版本馆 CIP 数据核字（2023）第 143539 号

**液相色谱分析及应用**

| | |
|---|---|
| **出版发行** | 中国原子能出版社（北京市海淀区阜成路 43 号　100048） |
| **责任编辑** | 杨　青 |
| **责任印制** | 赵　明 |
| **印　　刷** | 北京天恒嘉业印刷有限公司 |
| **经　　销** | 全国新华书店 |
| **开　　本** | 787 mm×1092 mm　1/16 |
| **印　　张** | 12 |
| **字　　数** | 207 千字 |
| **版　　次** | 2024 年 1 月第 1 版　　　　2024 年 1 月第 1 次印刷 |
| **书　　号** | ISBN 978-7-5221-2869-6　　　　定　价　72.00 元 |

# 前　言

　　色谱作为一种分离技术与方法已有百余年历史,自 19 世纪 40 年代以来,逐渐得到发展,而且其势头越来越猛。从技术到理论,到各种分离模式,以及在各个科学领域内的应用,都取得了突飞猛进的发展,现在已经成为分析化学学科中的一个重要分支。随着相关学科的发展与色谱工作者的不懈努力,液相色谱技术,尤其是高效色谱技术已经成为目前环境、生化、制药、食品安全等领域应用最为广泛的分离分析技术之一,尤其是近年来,在仪器集成与自动化、色谱柱与色谱填料、色谱方法建立等方面的快速发展,更加突出显示了液相色谱技术在现代分析检测中的巨大作用。基于液相色谱应用实际,作者编撰了此书。近年来超高效液相色谱、多维液相色谱、整体色谱柱等本学科的最新进展和热门研究方向,尤其随着蛋白质组学、环境科学等方面取得的诸多令人瞩目的研究进展,给高效液相色谱的应用提供了更为广阔的空间。

　　在内容上,本书共分为六章。第一章为液相色谱法概述,主要就液相色谱法简述、液相色谱法的特点、液相色谱法的分类、液相色谱法的发展作出阐述;第二章为液相色谱法基础,主要包括色谱图及术语、色谱分离参数、液相色谱的谱带扩展、固定相和流动相、定性分析和定量分析等五个部分;第三章为高效液相色谱仪的组成,依次对输液系统、进样系统、分离系统、检测器、记录器和数据处理设备进行了介绍;第四章为液相色谱仪的维护及保养,主要包括仪器维护和故障排除的原理、管路的维护和故障排除、高压泵的维护和故障排除、进样器的维护和故障排除、色谱柱的维护和故障排除、检测器的维护和故障排除、仪器的其他日常保养维护方法等七个部分;第五章为液相色谱法样品预处理,主要对液-液萃取技术、液-固萃取技术、膜技术、衍生化和柱浓缩预处理技术进行了阐述；第六章为液相色谱法在食品分析中的应用，依次对食品营养成分的分析、食品添加剂的分析、食品污染物的分析进行了研究。

在撰写本书的过程中，作者得到了许多专家、学者的帮助和指导，在此表示真诚的感谢。本书内容全面，条理清晰，但由于作者水平有限，书中难免会有疏漏之处，希望广大读者及时指正。

作　者
**2022 年 12 月**

# 目　录

# 第一章

# 液相色谱法概述

液相色谱法经过近 50 年的发展和广泛的实践变革，现已成为十分成熟的有机定量分析技术，已在科学研究、生产实践和高等教育中获得广泛的应用。本章主要内容为液相色谱法概述，主要从液相色谱法简述、液相色谱法的特点、液相色谱法的分类以及液相色谱法的发展等方面展开论述。

## 第一节　液相色谱法简述

从 100 年前茨维特（M.S.Tswett）的经典柱液相色谱实验初现，到 20 世纪 60 年代末期高效液相色谱技术的显现，再到 10 多年前超高效液相色谱高技术的诞生，这些都是高效液相色谱方法发展过程中具有重要意义的里程碑。

液相色谱方法中的色谱柱制备技术，经历了柱填料应用全多孔球形硅胶粒子、粒径从 40 μm—10 μm—5 μm—3 μm 逐渐减小的演变。2004 年，Waters 公司推出用"杂化颗粒技术"（Hybrid Particle Technology）制备了 1.7 μm 全多孔球形 ACQUITYUPLC™ 新型固定相。2006 年以后，2.6～2.7 μm 表面多孔球形粒子（1.7 μm 熔融硅实心核、0.5 μm 表面多孔层）出现，成为当前高效液相色谱柱的时尚填料，与此同时，硅胶基体和聚合物基体的第二代整体柱也在迅速呈现。

液相色谱方法中的检测技术，已由广泛使用的紫外吸收检测器、折光指数检测器，发展到现在占有 50% 以上使用率的质谱检测器，并涌现出新型的蒸发光散射检测器、带电荷气溶胶检测器和多角度光散射检测器。

液相色谱方法使用的液相色谱仪，其制造技术水平已大大提升。从早期制造耐压 40 MPa 的双柱塞往复泵，已发展到可提供耐压 100～150 MPa 的双柱塞各自独立驱动的往复式串联泵，检测池的池体积也由 10 μL 减小到 0.25 μL。

液相色谱分离方法的开拓，也由早期使用的正相色谱、反相色谱、离子交换色谱（或离子色谱）、体积排阻色谱和亲和色谱，发展出近年来愈来愈多应用的亲水作用色谱，它已成为最广泛应用的反相色谱的有力帮手。

液相色谱方法在柱制备技术、检测技术、仪器制造技术和分离方法开拓 4 个方面取得的进展，十分有力地支撑了高效液相色谱方法向超高效、高灵敏度、高准确度和高精密度的方向快速发展。

液相色谱方法的实践，已不再局限于从事科学研究的色谱工作者，已被众多的化学家、生物学家、工农业生产者、大专学生所掌握。它已广泛应用于工农业产品检验实验室、质量控制实验室、临床诊断实验室、法医检验实验室、环境污染物监测实验室、食品和药品检测实验室，并已成为各个行业从事分析、检测的人员必须掌握的实验技术。

# 第二节　液相色谱法的特点

高效液相色谱方法在有机定量分析中已成为占有主导地位的分析技术，本节主要对高效液相色谱法的特点进行论述，将它与经典液相（柱）色谱法和与它在有机定量分析中占有相近地位的气相色谱法进行比较，以突出它的特点。

## 一、与经典液相（柱）色谱法对比

高效液相色谱法与经典液相（柱）色谱法的比较，如表 1-2-1 所示。

表 1-2-1　高效液相色谱法与经典液相（柱）色谱法的比较

| 项目 | 高效液相色谱法 | 经典液相（柱）色谱法 |
| --- | --- | --- |
| 色谱柱柱长/cm | 10～25 | 10～200 |
| 色谱柱柱内径/cm | 2～10 | 10～50 |
| 固定相粒径/μm | 1.7～2.2, 3～40 | 75～600 |
| 固定相筛孔/目 | >2 500～300 | 200～30 |
| 色谱柱入口压力/MPa | 2～40 | 0.001～0.1 |
| 色谱柱柱效/（理论塔板数/m） | $5 \times 10^3 \sim 5 \times 10^4$ | 2～50 |
| 进样量/g | $10^{-6} \sim 10^{-2}$ | 1～10 |
| 分析时间/h | 0.05～1.0 | 1～20 |

从分析原理上讲，高效液相色谱法和经典液相（柱）色谱法没有本质的差别，但由于它采用了新型高压输液泵、高灵敏度检测器和高效微粒固定相，因而使经典的液相色谱法焕发出新的活力。

经典液相（柱）色谱法使用粗粒多孔固定相，装填在大口径、长玻璃柱管内，流动相仅靠重力流经色谱柱，溶质在固定相的传质、扩散速度缓慢，柱入口压力低，柱效低，分析时间冗长。

高效液相色谱法使用了全多孔微粒固定相，装填在小口径、短不锈钢柱内，流动相通过高压输液泵进入高柱压的色谱柱，溶质在固定相的传质、扩散速度大大加快，从而在短的分析时间内获得高柱效和高分离能力。

高效液相色谱（High Performance Liquid Chromatography，HPLC）还可称为高压液相色谱（High Pressure Liquid Chromatography）、高速液相色谱（High Speed Liquid Chromatography）、高分离度液相色谱（High Resolution Liquid Chromatography）或现代液相色谱（Modern Liquid Chromatography）。

## 二、与气相色谱法对比

高效液相色谱法与气相色谱法有许多相似之处。气相色谱法具有选择性高、分离效率高、灵敏度高、分析速度快的特点，但它仅适于分析蒸气压低、沸点低的样品，而不适用于分析高沸点有机物、高分子和热稳定性差的化合物以及生物活性物质，因而其应用受到限制。在全部有机化合物中仅有 20%的样品适用于气相色谱分析，高效液相色谱法却恰可弥补气相色谱法的不足之处，可对80%的有机化合物进行分离和分析。此两种方法的比较，如表 1-2-2 所示。

表 1-2-2　高效液相色谱法与气相色谱法的比较

| 项目 | 高效液相色谱法 | 气相色谱法 |
|---|---|---|
| 进样方式 | 样品制成溶液 | 样品需加热汽化或裂解 |
| 流动相 | 1. 液体流动相可为离子型、极性、弱极性、非极性溶液，可与被分析样品产生相互作用，并能改善分离的选择性<br>2. 液体流动相动力黏度为 $10^{-3}$ Pa·s，输送流动相压力高达 2～20 MPa | 1. 气体流动相为惰性气体，不与被分析的样品发生相互作用<br>2. 气体流动相动力黏度为 $10^{-5}$ Pa·s，输送流动相压力仅为 0.1～0.5 MPa |
| 固定相 | 1. 分离机理：可依据吸附、分配、筛析、离子交换、亲和等多种原理进行样品分离，可供选用的固定相种类繁多 | 1. 分离机理：依据吸附、分配两种原理进行样品分离，可供选用的固定相种类较多 |

3

| 项目 | 高效液相色谱法 | 气相色谱法 |
|---|---|---|
| 固定相 | 2. 色谱柱：固定相粒度小，为 5～10 μm；填充柱内径为 3～6 mm，柱长 10～25 cm，柱效为 $10^3$～$10^4$ 塔板/m；毛细管柱内径为 0.01～0.03 mm，柱长 5～10 m，柱效为 $10^3$～$10^5$ 塔板/m | 2. 色谱柱：固定相粒度大，为 0.1～0.5 mm；填充柱内径为 1～4 mm，柱长 1～4 m，柱效为 $10^2$～10 塔板/m；毛细管柱内径为 0.1～0.3 mm，柱长 10～100 m，柱效为 $10^3$～$10^4$ 塔板/m |
| 检测器 | 选择型检测器：UVD、DAD、FLD、ECD 通用型检测器：ELSD、RID | 通用型检测器：TCD、FID（有机物）选择型检测器：ECD、FPD、NPD |
| 应用范围 | 可分析低分子量、低沸点样品：高沸点、中分子量、高分子量有机化合物（包括非极性、极性）；离子型无机化合物；热不稳定，具有生物活性的生物分子 | 可分析低分子量、低沸点有机化合物：永久性气体；配合程序升温可分析高沸点有机化合物；配合裂解技术可分析高聚物 |
| 仪器组成 | 溶质在液相的扩散系数（$10^{-5}$ cm²/s）很小，因此在色谱柱以外的死空间应尽量小，以减少柱外效应对分离效果的影响 | 溶质在气相的扩散系数（$10^{-1}$ cm²/s）大，柱外效应的影响较小，对毛细管气相色谱应尽量减小柱外效应对分离效果的影响 |

## 三、高效液相色谱法的特点

高效液相色谱法作为一种通用、灵敏的定量分析技术，它具有极好的分离能力，并可与高灵敏度检测器实现完美的结合。它对不同类型的样品有广泛的适应性，在例行分析和质量控制中呈现高度的重复性。

高效液相色谱法（HPLC）具有以下特点。

（1）分离效能高。由于新型高效微粒固定相填料的使用，液相色谱填充柱的柱效可达 $5×10^3$～$5×10^4$ 塔板/m，远远高于气相色谱填充柱 $10^3$ 塔板/m 的柱效。

（2）选择性高。由于液相色谱柱具有高柱效，并且流动相可以控制和改善分离过程的选择性。因此，高效液相色谱法不仅可以分析不同类型的有机化合物及其同分异构体，还可分析在性质上极为相似的旋光异构体，并已在高疗效的合成药物和生化药物的生产控制分析中发挥了重要作用。

（3）检测灵敏度高。在高效液相色谱法中使用的检测器大多数都具有较高的灵敏度，如被广泛使用的紫外吸收检测器，最小检出量可达 $10^{-9}$ g；用于痕量分析的荧光检测器，最小检出量可达 $10^{-1}$ g。

（4）分析速度快。由于高压输液泵的使用，相对于经典液相（柱）色谱，其分析时间大大缩短，当输液压力增加时，流动相流速会加快，完成一个样品的分析仅需几分钟到几十分钟。

高效液相色谱法除具有以上特点外，它的应用范围也日益扩展。由于它使用了非破坏性检测器，样品被分析后，在大多数情况下，可除去流动相，实现对少量珍贵样品的回收，也可用于样品的纯化制备。

# 第三节　液相色谱法的分类

液相色谱法可依据溶质（样品）在固定相和流动相分离过程的物理化学原理分类，也可按照溶质在色谱柱中洗脱的动力学过程分类。

## 一、按溶质在两相分离过程的原理分类

如表 1-3-1 所示，为依据分离过程物理化学原理分类的各种液相色谱法的比较。

表 1-3-1　按分离过程物理化学原理分类的各种液相色谱法的比较

| 项目 | 吸附色谱 | 分配色谱 | 离子色谱 | 体积排阻色谱 | 亲和色谱 |
|---|---|---|---|---|---|
| 固定相 | 全多孔固体吸附剂 | 固定液载带在固相基体上 | 高效微粒离子交换剂 | 具有不同孔径的多孔性凝胶 | 多种不同性能的配位体键连在固相基体上 |
| 流动相 | 不同极性有机溶剂 | 不同极性有机溶剂和水 | 不同 pH 的缓冲溶液 | 有机溶液或一定 pH 的缓冲溶液 | 不同 pH 的缓冲溶液，可加入改性剂 |
| 分离原理 | 吸附↔解吸 | 溶解↔挥发 | 可逆性的离子交换 | 多孔凝胶的渗透或过滤 | 具有锁匙结构配合物的可逆性离解 |
| 平衡常数 | 吸附系数 $K_A$ | 分配系数 $K_P$ | 选择性系数 $K_S$ | 分布系数 $K_D$ | 稳定常数 $K_C$ |

### （一）吸附色谱（Adsorption Chromatography）

用固体吸附剂作固定相，固定相可为极性吸附剂（$Al_2O_3$、$SiO_2$）或非极性吸附剂［石墨化炭黑、苯乙烯-二乙烯基苯共聚物 P（S-DVB）］；流动相可为不同极性的有机溶剂，依据样品中各组分在吸附剂上吸附性能的差别来实现分离，如图 1-3-1 所示。

### （二）分配色谱（Partition Chromatography）

用载带在固相载体（Support）上表面涂渍或化学键合非极性固定液的固定相（如在硅胶载体上化学键合十八烷基的 ODS-$SiO_2$）或在载体表面涂渍或键合极性

固定液的固定相（如用β、β-氧二丙腈涂渍 SiO₂）来分离样品，以不同极性溶剂作流动相，如用水和极性改性剂组成的极性流动相；或用由正己烷与极性改性剂组成的弱极性流动相，再依据样品中各组分在固定液和流动相间分配性能的差别来实现分离，如图 1-3-2 所示。根据固定相和液体流动相相对极性的差别，又可分为正相分配色谱和反相分配色谱（亲水作用色谱包括在正相分配色谱之中）。

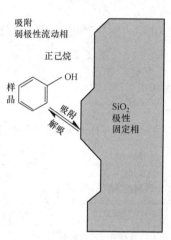

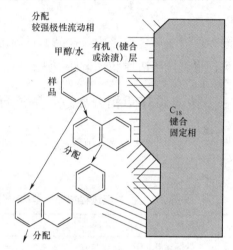

图 1-3-1　吸附色谱分离原理图　　　　图 1-3-2　分配色谱分离原理图

当固定相的极性大于流动相的极性时，可称为正相分配色谱或简称正相色谱（Normal Phase Chromatography）；若固定相的极性小于流动相的极性时，可称为反相分配色谱或简称反相色谱（Reversed Phase Chromatography）。

### （三）离子色谱（Ion Chromatography）

用高效微粒离子交换剂作固定相，可用由苯乙烯-二乙烯基苯共聚物作载体的阳离子（带正电荷）或阴离子（带负电荷）的交换剂以具有一定 pH 的缓冲溶液作流动相，依据离子型化合物中各离子组分与离子交换剂上表面带电荷基团进行可逆性离子交换能力的差别而实现分离，如图 1-3-3 所示。

### （四）体积排阻色谱（Size Exclusion Chromatography）

用化学惰性的具有不同孔径分布的多孔软质凝胶（如葡聚糖、琼脂糖）、半刚性凝胶（如苯乙烯-二乙烯基苯低交联度共聚物）或刚性凝胶（如苯乙烯-二乙烯基苯高交联度共聚物）作固定相，以水、四氢呋喃、邻二氯苯、N，N-二甲基甲酰胺作流动相，按固定相对样品中各组分分子体积阻滞作用的差别来实现分离，如图 1-3-4 所示。以亲水凝胶作固定相，以水溶液作流动相主体的体积排阻色谱法，称为凝胶过滤色谱（Gel Filtration Chromatography）；以疏水凝胶作固定相，以有机溶剂作流动相的体积排阻色谱法，称为凝胶渗透色谱法（Gel Permeation Chromatography）。

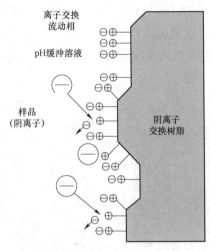

图 1-3-3　离子色谱分离原理图

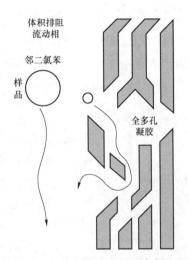

图 1-3-4　体积排阻色谱分离原理图

## （五）亲和色谱（Affinity Chromatography）

固定相用葡聚糖、琼脂糖、硅胶、苯乙烯-二乙烯基苯高交联度共聚物、甲基丙烯酸酯共聚物作为载体，偶联不同极性的间隔臂（Spacer Arm），再键合生物特效分子（酶、核苷酸）、染料分子（三嗪活性染料）、定位金属离子［Cu-亚氨基二乙酸（IDA）］等不同特性的配位体（Ligand）后构成，用具有不同 pH 的缓冲溶液（包括 Good′s Buffer）作流动相，依据生物分子（氨基酸、肽、蛋白质、核碱、核苷、核苷酸、核酸、酶等）与基体上键连的配位体之间存在的特异性亲和作用能力的差别，而实现对具有生物活性的生物分子的分离，如图 1-3-5 所示。

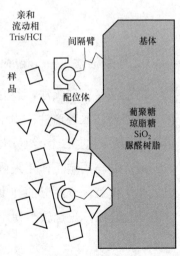

图 1-3-5　亲和色谱分离原理图

## 二、按溶质在色谱柱洗脱的动力学过程分类

### （一）洗脱法（Elution Method）

洗脱法又称淋洗法，试液从色谱柱的顶部加入，再用作洗脱剂的液体或气体洗脱色谱柱[①]。如将含三组分的样品注入色谱柱，流动相连续流过色谱柱，并携带样品组分在柱内向前移动，经色谱柱分离后，样品中不同组分依据与固定相和流动相相互作用的差别，而顺序流出色谱柱。此法在液相色谱分析中获得最广泛的应用，如图 1-3-6 所示。

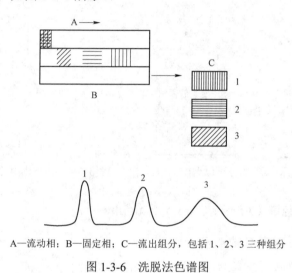

A—流动相；B—固定相；C—流出组分，包括 1、2、3 三种组分

图 1-3-6　洗脱法色谱图

### （二）前沿法（Frontal Method）

前沿法又称迎头法，将含三个等量组分的样品溶于流动相，组成混合物溶液，并连续注入色谱柱。由于溶质的不同组分与固定相的作用力不同，则与固定相作用最弱的第一个组分首先流出，其次是第二个组分与第一个组分混合流出，最后是与固定相作用最强的第三个组分与第二个和第一个组分混合一起流出。此法仅第一个组分的纯度较高，其他流出物皆为混合物，不能实现各个组分的完全分离，现已较少使用，如图 1-3-7 所示。

---

① 陈树国. 环境分析化学［M］. 南昌：江西科学技术出版社，1988.

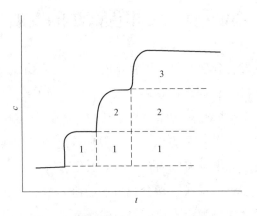

1、2、3—三种组分；c—浓度；t—时间

图 1-3-7　前沿法色谱图

## （三）置换法（Displacement Method）

置换法又称顶替法，当含三种组分的混合物样品注入色谱柱后，各组分皆与固定相有强作用力。若使用一般流动相无法将它们洗脱下来，可使用一种比样品组分与固定相间作用力更强的置换剂（或称顶替剂）作流动相。当它注入色谱柱后，可迫使滞留在柱上的各个组分依其与固定相作用力的差别而依次洗脱下来，且各谱带皆为各个组分的纯品。置换法现已在大规模制备色谱中获广泛应用，在生物大分子纯品制备中取得良好的效果，如图 1-3-8 所示。

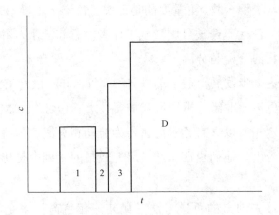

1、2、3—样品组分；D—置换剂（顶替剂）；c—浓度；t—时间

图 1-3-8　置换法色谱图

# 第四节　液相色谱法的发展

现代色谱法从发明到现在已有近百年的历史，实际上，早在古代罗马时期，人们已经知道将一滴含有混合色素的溶液滴在一块布或一片纸上，并通过观察溶液展开产生的一个个同心圆环来分析染料与色素。在 100 多年前，德国的化学家 Runge 对古罗马人的这种方法作了重要的改进，使其具有更好的重现性与定量能力，这项技术后来发展成为今天的纸上色谱技术。

俄国植物学家 Tswett 关于色谱分离方法的研究始于 1901 年，他在 1903 年的华沙自然科学学会生物学会会议上发表的题为"一种新型吸附现象及其在生化分析上的应用"的论文中提出了应用吸附原理分离植物色素的新方法，并首先认识到这种层析现象在分离分析方面有重大价值。3 年后，他将这种方法命名为色谱法（Chromatography）。在 1907 年的德国生物学学术会议上，Tswett 第一次向人们公开展示了采用色谱法提纯的植物色素溶液以及色谱图——显示着彩色环带的柱管。由于当时 Tswett 还不是一位著名的植物学家，而他的色谱论文又仅仅采用俄文发表，因此刚刚诞生的色谱分离技术并没有引起人们的足够重视。20 多年后，Kuhn 等为了证实蛋黄内的叶黄素系植物叶黄素与玉米黄质的混合物，参考 Tswett 的方法，采用粉碎的碳酸钙装填色谱柱，成功地从蛋黄中分离出了植物叶黄素。他们工作的重要意义不仅仅在于证明了蛋黄叶黄素是氧化类胡萝卜素的混合物，更重要的是证实了色谱法可以用来进行制备分离。此后，色谱分离方法才迅速被各国科学工作者注意和应用，并更广泛地用于各种天然有机化合物的分析与分离。

液固色谱的进一步发展得益于瑞典科学家 Tiselius 以及 Claesson 的努力，他们创立了液相色谱的前缘分析与取代扩展技术。1941 年，Martin 等采用水分饱和的硅胶为固定相，以含有乙醇的氯仿为流动相分离乙酰基氨基酸的工作是分配色谱的首次应用。他们也在总结其研究成果的基础上提出了著名的色谱塔片理论。

液固色谱是最先创立的色谱方法，最初液相色谱柱多是采用碳酸钙、硅胶、氧化铝填充的玻璃柱管，流动相加在柱管上端，在地球吸引力的作用下顺流向下迁移，而组分的检测则依靠肉眼的观察或将吸附剂从柱管中取出，并进一步进行分析，色谱仪起到分离的作用。自液固色谱被创立后的 50 多年时间里，液固色谱装置并无多大实质性的改进。直到 20 世纪 60 年代，随着在气相色谱方面知识的积累，人们把气相色谱中获得的系统理论与实践经验应用于液相色谱理论研究，多种高效微粒填充剂被研制成功，采用细粒度高效柱，大大提高了液相色谱的分离能力。与此同时，以高压输液泵替代重力作用，更加快了液相色谱的分析速度。而柱分离技术与光学检测器相结合也使得液相色谱由最初的以分离目的为主，发展为可以同时完成分离分析目的的重要分析方法。在数据处理方面，20 世纪 60 年代初期，人们已经制成了机械式的色谱积分器，从而有可能比较准确地测定色谱峰面积。20 世纪 60 年代中期，新式的电子数字式积分仪代替了过去的模拟积分器，色谱图的数据处理精度得到了进一步提高。所有这些标志着高速、高压、高效的液相色谱法已蓬勃发展起来。

在 20 世纪 70 年代，色谱仪器的性能不断得到改善，采用自动电导检测器分析痕量正负离子的新式离子交换色谱法等新型分离模式开始出现，使液相色谱无论是在技术上还是在仪器上，都产生了一个新的飞跃。20 世纪 70 年代初期已生产出带小型微处理机的色谱仪。当初色谱仪的微处理机功能虽然比较简单，但它却显示出了色谱仪器发展的方向，标志着色谱仪的制造又进入了新的时代。20 世纪 70 年代后期，某些型号的色谱仪已经配备了小型的微型计算机，应用十分灵活。它除了可以进行数据采集、处理外，还可以用来控制色谱操作条件，色谱工作者可以根据自己的需要编排程序进行工作。

20 世纪 80 年代发展起来的毛细管电泳技术，结合了毛细管色谱技术及色谱微量检测方法，运用在电场中离子迁移速度不同的原理进行分离分析，解决了 DNA 及其片断、单克隆抗体、蛋白质及多肽等一般色谱技术难以解决的分离分析问题。随着生物工程研究的进展，人们运用色谱法能够制备微量而贵重的生物活性化合物，从而发展了细内径的高效制备色谱柱及径向制备色谱。

以制备色谱为主要对象的非线性色谱理论，近年来获得长足的发展，另一方面毛细管液相色谱的理论塔板数已大大提高，电化学检测和激光诱导荧光法已获得很大发展，光电二极管阵列光谱检测器是 HPLC 检测技术的重大进展，对紫外可见光谱的快速扫描检测，使液相色谱能提供的信息量大幅度增加，为化学计量学中的许多手段，如模式识别等提供了重要的应用领域。此外，在广义上作为液相色谱一种形式的薄层色谱正广泛采用点样自动化和光谱、质谱检测等手段，向仪器化和计算机化的方向迅速发展。

今天，色谱仪器、技术还在继续向前发展，新的色谱仪器与色谱方法不断出现，所有这些为色谱方法的应用开拓了更大、更新的应用领域。事实上，色谱方法已经成了化学家分析分离复杂混合物不可缺少的"工具"。

# 第二章

# 液相色谱法基础

本章的主要内容为液相色谱法基础，分别对色谱图及术语、色谱分离参数、液相色谱的谱带扩展、固定相与流动相，以及定性分析和定量分析几个方面展开阐述。

## 第一节　色谱图及术语

### 一、色谱图

色谱柱是指样品经色谱柱和检测器，所得到的信号-时间曲线，又称色谱流出曲线。色谱图描述了被组分浓度随时间变化的情况，是进行定性和定量分析的依据。典型的色谱图如图 2-1-1 所示。

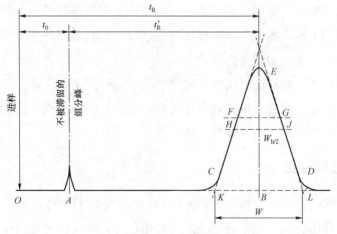

图 2-1-1　色谱图

## 二、基线

基线：液相色谱在正常操作的条件下，仅有流动相通过检测器系统时所产生的响应信号绘制出的曲线称基线。

基线漂移：基线随时间定向的缓慢变化[①]。

基线噪声：由于各种因素所引起的基线波动信号，可以用于检出限的计算。

## 三、色谱峰

色谱峰：从色谱柱流出的组分通过检测器系统时所产生的响应信号（记录的微分曲线）称色谱峰。

峰底：从峰的起点与终点之间连接的直线（见图 2-1-1 中的 $C$、$D$）。

峰高：色谱峰最大值点到峰底的距离（见图 2-1-1 中的 $B$、$E$）。

峰宽：在峰两侧拐点（见图 2-1-1 中的 $F$、$G$）处所作切线与峰底相交两点间的距离（见图 2-1-1 中的 $K$、$L$）。

半高峰宽：通过峰高的中点作平行于峰底的直线，此直线与峰两侧相交两点之间的距离（见图 2-1-1 中的 $H$、$J$）。

峰面积：峰与峰底之间的面积（见图 2-1-1 中的 $C$、$H$、$E$、$J$、$D$、$C$）。

拖尾峰：后沿较前沿平缓的不对称的峰。

前伸峰：前沿较后沿平缓的不对称的峰。

假峰：除组分正常产生的色谱峰以外，由于仪器条件的变化等原因而在谱图上出现的色谱峰，即并非由试样所产生的峰。这种色谱峰并不代表具体某一组分，容易给定性、定量带来误差。

畸峰：形状不对称的色谱峰，前伸峰、拖尾峰都属于这类。

反峰：也称倒峰或负峰，即出峰的方向与通常的方向相反的色谱峰。

拐点：色谱峰上二阶导数等于零的点。

## 四、进样标记

高效液相色谱仪一般都有微处理机，进样后按下 START，微机就开始计时。液相色谱进样不像气相色谱进样会出现冲击信号，冲击信号可以作为进样的标

---

[①] 谢昕. 食品仪器分析技术［M］. 北京：国家图书馆出版社，2019.

记。当使用停泵进样时，流动相的波动也会有信号的变化，进样标记是保留值计算的起始点（见图 2-1-1 中的 $O$）。

### 五、不被滞留的组分峰

选一在分离柱上是惰性（指该物质与色谱柱的亲和力较小）、又能在检测器上产生信号的物质，这种物质所产生的色谱峰称为不被滞留的组分峰（见图 2-1-1 中的 $A$）。其意义为可确定色谱分离死时间或死体积，而死体积是柱的结构和检测池等装置的体积。死体积越大，流动相中的溶质越易扩散，越可使分离度下降。

# 第二节　色谱分离参数

## 一、保留值

保留值：表示样品中各组分在色谱柱中的停留时间的数值或表示流动相将组分带出色谱柱所需要的液体体积。当分离条件一定时，同种物质因分布系数的关系总是具有相同的保留值，所以可用来作定性分析的指标。

死时间：又称非保留时间，系指惰性物质通过色谱系统所需的时间。

死体积：又称非保留体积，不被固定相滞留的组分，从进样到出现峰最大值所需的流动相的体积。死体积等于死时间乘以流量，用 $V_M$ 表示。

$$V_M = t_M \cdot F_0$$

保留时间：从进样开始到从色谱柱洗出各成分的最高浓度位置即峰值位置所需要的时间。

保留体积：组分从进样到出现峰最大值所需的流动相的体积。当进样器和检测器的死体积都很小时，保留体积等于保留时间乘以流量，用 $V_r$ 表示。

$$V_r = t_r \cdot F_0$$

校正保留时间：保留时间减去死时间为校正保留时间，又称调整保留时间或实际保留时间，用下式表示。

$$t'_R = t_R - t_M$$

校正保留时间可用来表示各化合物保留时间的基准。

校正保留体积：保留体积减去死体积为校正保留体积，又称调整保留体积或实际保留体积，用下式表示。

$$V_R' = V_R - V_M$$

校正保留体积可用来表示各化合物保留体积的基准。

相对保留值：相对保留值是指在相同的操作条件下，组分与参比组分的调整保留值之比，或分配系数之比。

## 二、色谱峰区域宽度

色谱峰区域宽度可用来衡量色谱柱的效率，通常用以下三种方法表示色谱峰区域宽度。

（1）标准偏差 $\sigma$

当色谱峰为正态分布曲线时，可用标准偏差来表示区域宽度。标准偏差即峰高 0.607 倍处色谱峰宽度的一半。

（2）半高峰宽（$W_{h/2}$）

半高峰宽又称半宽度，即峰高一半处的宽度，它与标准差的关系为：$W_{h/2} = 2.354\,\sigma$。

（3）峰宽（$W$）

在峰两侧拐点处所作切线与峰底相交两点间的距离为峰宽，又称峰底宽度，它与标准差的关系为：$W = 4\,\sigma$。

## 三、分配系数

分配系数是在平衡状态时，组分在固定相与流动相中的浓度之比，用 $K$ 表示。

$$K = \frac{C_S}{C_L}$$

式中：

$C_S$ 为组分在固定相中的浓度（g/mL）；

$C_L$ 为组分在流动相中的浓度（g/mL）。

## 四、分配比

分配比又称容量因子，在平衡状态时，组分在固定相与流动相中质量之比用 $K'$ 表示。

$$K' = \frac{P}{Q}$$

式中：

$P$ 为组分在固定相中的重量；

$Q$ 为组分在流动相中的重量。

## 五、分配系数、分配比与保留值的关系

组分在二相中的分配比等于组分在二相中保留时间之比或者组分通过色谱柱时所需要的流动相体积之比。

$$K' = K \frac{V_S}{V_L} = \frac{t'_R}{t_M} = \frac{V'_R}{V_M}$$

式中：

$V_S$ 为组分在固定相中的体积；

$V_L$ 为组分在流动相中的体积。

## 六、理论塔板数

理论塔板数：用来描述色谱柱效能的指标，用来表示为了使试样各组分彼此分离，在色谱柱内至少需要多少塔板，塔板数越多，色谱柱效率越好，理论塔板数用下式表示。

$$n = 5.54 \left( \frac{t_R}{W_{h/2}} \right)^2 = 16 \left( \frac{t_R}{W} \right)^2$$

理论塔板高度：理论塔板高度也是用来描述色谱柱效能的指标，理论塔板高度越小，柱效率越高，理论塔板高度与理论塔板数有以下关系。

$$H = \frac{L}{n}$$

式中：$L$ 为色谱柱长度。

有效理论塔板数：由于 $t_R$ 中包括有死时间 $t_M$，所以计算出来的理论塔板数不能完全准确地反映柱效。为了更真实地反映柱效的好坏，采用扣除了死时间的有效塔板数。

$$n_{有效} = 5.54 \left( \frac{t'_R}{W_{h/2}} \right)^2 = 16 \left( \frac{t'_R}{W} \right)^2$$

## 七、分辨率

分辨率又称分离度，是定量描述混合物中相邻两组分在色谱柱中分离情况的主要指标，其定义为：以两个组分保留值之差与其平均峰宽值之比。

$$R = 2 \left( \frac{t_{R2} - t_{R1}}{W_1 + W_2} \right)$$

$R$ 值越大，就表示相邻两组分分离得越好。当 $R = 1.5$ 时，二组分可完全分离，因而可用 $R = 1.5$ 来作为相邻两峰能否完全分开的标志。

# 第三节 液相色谱的谱带扩展

从谱带扩展的机理来看，液相色谱和气相色谱有很多相似之处，基本上是由三方面的因素组成，即涡流扩散、纵向扩散和传质阻力。然而，由于液相色谱和气相色谱流动相的物理性质差异很大，各种因素对谱带扩展的影响在液相和气相色谱过程中的差异也较大。

## 一、涡流扩散

涡流扩散又称多径扩散，由于色谱柱中填充剂的分布是无规则的，试样组分随流动相通过色谱柱，碰到填充剂颗粒时，就会不断改变流动相的方向，使组分在流动相中形成紊乱的类似涡流的流动，因此引起色谱峰的扩展。

$$H_e = 2\lambda d_p$$

式中：

$\lambda$ 为填充不规则因子；

$d_p$ 为填充剂顺粒的平均直径。

如果填充剂粒度小，填充均匀，则涡流值小，柱效高。

## 二、纵向分子扩散

溶剂中溶质的浓度有趋于平衡分布的倾向，如果溶质在溶剂中的浓度不均匀，则高浓度区的溶质将向低浓度区扩散。这种过程是自发的，是分子随机运动的结果。当试样分子随流动相进入色谱柱，由于分子的这种自扩散运动引起色谱峰的扩展。

$$H_d = \frac{C_d D_m}{u}$$

式中：

$C_d$ 为一常数；

$D_m$ 为分子在流动相中的扩散系数；

$u$ 为流动相的线速度。

纵向分子扩散与分子在流动相中的扩散系数成正比，与流动相线速度成反比。由于分子在液体中的扩散系数很小（比在气体中要小 4～5 个数量级），因此，在液相色谱中，纵向分子扩散对柱效的影响可以忽略不计。

## 三、传质阻力

色谱分离过程是溶质分子不断进出于流动相和固动相的传质过程。当试样分子随流动相经过色谱柱时，分子不断由流动相进入固定相，同时又从固定相不断进入流动相，进行质量交换。由于分子在液体中的扩散系数小，它的传质速率是有限的，而且固定相为多孔的微粒，流动相有一定的流速，因此溶质在两相间的平衡不是瞬间完成的，不可能达到真正的平衡状态，从而引起峰扩展。

传质阻力是流动相传质阻力和固定相传质阻力之和，流动相传质阻力包括流动的流动相中的传质阻力和滞流的流动相中的传质阻力。

（1）固定相传质阻力

$$H_s = \frac{C_s d_f^2 u}{D_s}$$

式中：

$C_A$ 是与容量因子 $k'$ 有关的常数；

$d_f$ 为固定液的液膜厚度；

$D_s$ 为试样分子在固定液内的扩散系数。

（2）流动的流动相中的传质阻力

$$H_m = \frac{C_m d_p^2 u}{D_m}$$

式中： $C_m$ 为一常数。

（3）滞流的流动相中的传质阻力

$$H_{sm} = \frac{C_{sm} d_p^2 u}{D_m}$$

式中： $C_{sm}$ 为一常数。

从固定相传质阻力的公式可看出，固定相传质阻力与固定液的液膜厚度的平方以及流动相线速度成正比，与试样分子在固定液内的扩散系数成反比，其传质阻力取决于固定液的液膜厚变和试样分子在固定液内的扩散系数。

从流动的流动相中的传质阻力公式中可看出，流动相的传质阻力与填充剂粒度的平方以及线速成正比，与试样分子在流动相中的扩散系数成反比，其传质阻力主要取决于固定相的粒度和结构。

综上所述，液相色谱过程中影响谱带扩展的因素可归纳为：

$$H = 2\lambda d_p + \frac{C_d D_m}{u} + \frac{C_m d_p^2 u}{D_m} + \frac{C_{sm} d_p^2 u}{D_m} + \frac{C_s d_f^2 u}{D_s}$$

若把纵向扩散项忽略不计，则：

$$H = 2\lambda d_p + \frac{C_m d_p^2 u}{D_m} + \frac{C_{sm} d_p^2 u}{D_m} + \frac{C_s d_f^2 u}{D_s}$$

该公式概括了各种动力学因素对色谱分离过程的影响，对选择色谱分离条件有重要的指导意义。

# 第四节　固定相和流动相

## 一、流动相

与气相色谱分离相比较，液相色谱流动相是影响分离的一个非常重要的调节因素，一个理想的液相色谱流动相溶剂应具有低黏度，与检测器兼容性好，样品容易回收，易于得到纯品和低毒性等特征。液相色谱常用的溶剂都是具有适当纯度的商品化有机溶剂。

### （一）正相色谱常用洗脱剂

正相色谱中，流动相与固定相间的相互作用越强，溶质吸附就越弱，反之亦然。正相色谱中常用的洗脱剂可以按其吸附强度进行分类，通常以溶剂强度参数 $\varepsilon^0$ 值作为溶剂强度的度量，其定义为"单位面积标准吸附剂的吸附能"。如表 2-4-1 所示，列出了正相色谱中以硅胶为吸附剂时某些溶剂的洗脱能力顺序。

表 2-4-1　部分溶剂的洗脱能力

| 溶剂 | 溶液强度 $\varepsilon^0$ |
| --- | --- |
| 乙烷 | 0.00 |
| 异辛烷 | 0.01 |
| 四氯化碳 | 0.11 |
| 四氯丙烷 | 0.22 |
| 氯仿 | 0.26 |
| 二氯甲烷 | 0.32 |
| 四氢呋喃 | 0.35 |
| 乙醚 | 0.38 |
| 乙酸乙酯 | 0.38 |

续表

| 溶剂 | 溶液强度 $\varepsilon^0$ |
|---|---|
| 二恶烷 | 0.49 |
| 乙腈 | 0.50 |
| 异丙醇 | 0.63 |
| 甲醇 | 0.73 |
| 水 | 20.73 |
| 乙酸 | 20.73 |

正相色谱中样品分子的 $k'$ 值随溶剂 $\varepsilon^0$ 值的增加而下降，因此溶剂洗脱能力序列可用于寻找特定的分离问题中最佳的溶剂强度。在正相色谱中，一般采用乙烷、庚烷、异辛烷、苯和二甲苯等有机溶剂作为流动相，往往还加入一定量的四氢呋喃等极性溶剂，即采用多元流动相的分离模式，特别是三元流动相。这不仅能够更容易找到合适的 $\varepsilon^0$ 值，还可相应地调节选择性。

为了便于选择合适 $\varepsilon^0$ 值的溶剂，Saunders 介绍了一种混合溶剂在硅胶上的溶剂强度图（见图 2-4-1），Meyer 等曾给出了相似的溶剂强度图。如图 2-4-2 所示，也给出了氰基、二醇柱上有机溶剂混合物的溶剂强度图。

如图 2-4-1 与图 2-4-2 所示提供了多种不同的二元混合物的选择方法。如图 2-4-1 所示，最上部的水平方向表示溶剂强度，其下面的 5 条线代表了戊烷分别与其他 5 种溶剂（氯代异丙烷、二氯甲烷、乙醚、乙腈和甲醇）混合物的溶剂强度；第二组 4 条线分别表示二氯甲烷、乙醚、乙腈、甲醇与氯代异丙烷的混合物；第三组 3 条线则表示氯甲烷分别与乙醚、乙腈、甲醇的混合物；第四组 2 条线表示乙醚与乙腈和甲醇混合物；第五组一条线是乙腈中甲醇的含量，依此可给出 $\varepsilon^0$ 值。可以看出相同强度的正相色谱流动相混合后，溶剂强度通常会改变（变大）。因此，对流动相强度的调整一般需要进行摸索试验。

**（二）反相色谱常用洗脱剂**

反相色谱中常用洗脱剂包括水、乙腈、甲醇和四氢呋喃等，正相色谱中的流动相强度由有机溶剂的浓度和类型共同决定，这种影响如图 2-4-3 所示。

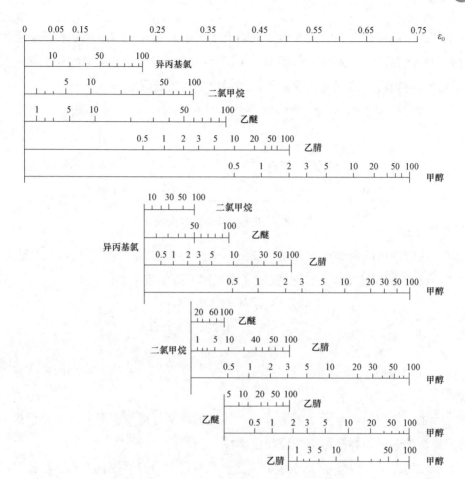

图 2-4-1 在硅胶柱上某些二元混合溶剂的强度

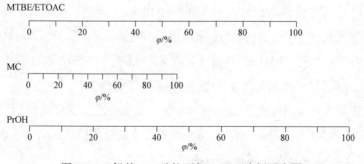

图 2-4-2 氰基、二醇柱正相 HPLC 溶剂强度图

乙腈（ACN）、甲醇（MeOH）、四氢呋喃（THF）3 条纵轴上下对应位置具有相同流动相强度，如 40%ACN 具有与 50%MeOH、30%THF 相近的 $k'$ 值。这

种溶剂强度图可作为粗略的参考（准确度±5%B）。如图 2-4-3 所示的洗脱强度的强弱顺序为：水（最弱）<甲醇<乙腈<乙醇<四氢呋喃<丙醇<二氯甲烷（最强），可以看出溶剂的极性随着溶剂强度的增加而降低。

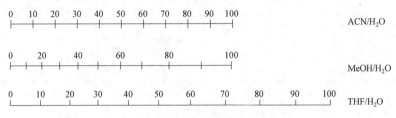

图 2-4-3　反相色谱溶剂强度图

在相同的时间内分离同一样品，甲醇-水作为洗脱剂时其洗脱强度（或配比）与乙腈-水或四氢呋喃-水的洗脱强度（或配比）有如下关系：

$$C_{乙腈}=0.322C_{甲醇}+0.57C_{甲醇}$$

$$C_{四氢呋喃}=0.66C_{甲醇}$$

式中：

$C_{乙腈}$、$C_{甲醇}$、$C_{四氢呋喃}$ 分别为乙腈、甲醇、四氢呋喃与水混合溶剂的体积百分含量。

除了二氯甲烷与水无法混溶外，上述其他溶剂都可与水混用，二氯甲烷常用来清洗被强保留样品污染的反相色谱柱。

一般情况下，甲醇-水体系能够满足多数样品的分离要求，但乙腈往往是流动相中有机溶剂的首选。这一方面是由于其具有非常低的黏度，另一方面是这种洗脱液可用紫外检测器在低波长（185～210 nm）检测，而这对于许多样品的检测是非常重要的。为了达到更高的塔板数和更低的柱压，除了乙腈之外，较好的有机溶剂是甲醇（MeOH），再次之是四氢呋喃（THF），这 3 种溶剂由于它们在灵敏度控制和分离效果方面的优越性能被广泛使用。

有些强疏水性样品即使采用 100% 乙腈仍无法洗脱，需要采用更强的流动相（如四氢呋喃-水或四氢呋喃-乙腈）。流动相不含水的分离模式称为非水反相色谱。

### （三）反相离子对色谱常用洗脱剂

反相离子对色谱法常用洗脱剂的溶剂组成与反相色谱相同，而选择合适的离子对试剂是进行离子对色谱分离的首要条件，如表 2-4-2 所示，列出了常用的离子对试剂及主要应用对象。

表 2-4-2　常用的离子对试剂及主要应用对象

| 离子对试剂 | 主要应用对象 |
|---|---|
| 季铵盐（如四甲铵、甲丁铵、十六烷基三甲铵等） | 强酸、弱酸磺酸染料、羧酸、氢化可地松及其盐类 |
| 叔胺（如三辛胺） | 磺酸盐、羧酸 |
| 烷基磺酸盐（如甲基、戊基、乙基、庚基、樟脑磺酸盐） | 强碱、弱碱、儿茶酚胺、肽、鸦片碱、烟酸、烟酸胺等 |
| 高氯酸 | 可与碱性物质（如有机胺、甲状腺素、磺代氨基酸、肽等）生成稳定的离子对 |
| 烷基硫酸盐（如辛基、癸基、十二烷基硫酸盐） | 与烷基磺酸盐相似，选择性有所不同 |

　　一般来说，所选用的离子对试剂的电荷应与被分离样品的电荷相反。对酸性或带负电荷的溶质而言，多选用带有正电荷的季铵盐作为离子对试剂，而对于碱性或带正电荷的溶质，则多选用带负电荷的烷基磺酸盐作离子对试剂。

　　选择离子对试剂的目的是在合适浓度获得色谱柱对试剂的较强吸附，如图 2-4-4（a）所示的结果表明色谱柱对离子对试剂的吸附达到最大量（大约 300 $\mu mol \cdot gL^{-1}$）时曲线趋于水平。若流动相含 40%甲醇，为获得柱最大吸附需要采用较高浓度（大于 40 $mmol \cdot L^{-1}$）的离子对试剂。

　　因此，辛烷磺酸盐对于大于 40%甲醇的流动相不太合适，应采用更强保留的离子对试剂（如 $C_{10}$ 或 $C_{12}$ 磺酸盐等）。

　　图 2-4-4（b）总结了对于含不同浓度甲醇的流动相合适的磺酸盐试剂及其浓度。若流动相浓度为 25%甲醇-水，最好选 $C_8$ 与 $C_{16}$ 硫酸盐。采用乙腈或四氢呋喃代替甲醇时，可如表 2-4-3 所示对离子对试剂的类型和浓度进行预测。

表 2-4-3　阴离离子对 HPLC 中的溶剂强度关系

| 甲醇 | 乙醇 | THF |
|---|---|---|
| 0 | 0 | 0 |
| 10 | 3 | 1 |
| 20 | 8 | 4 |
| 30 | 13 | 8 |
| 40 | 19 | 14 |
| 50 | 25 | 21 |
| 60 | 32 | 30 |
| 70 | 39 | （40） |
| 80 | （46） | （51） |
| 90 | （53） | （64） |
| 100 | （60） | （78） |

注：带括号数字为近似值。

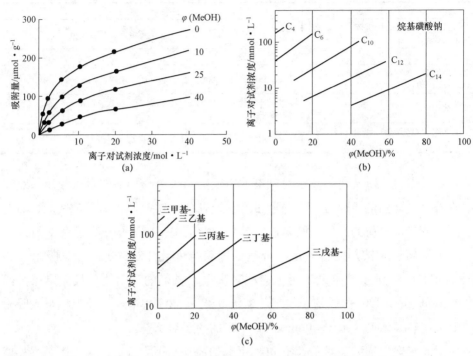

图 2-4-4　离子对类型和浓度的选择与样品类型和流动相强度的关系

　　除了选择合适的离子对试剂外，对反相离子对色谱洗脱剂的 pH 适当控制对于分离效果也十分重要，如表 2-4-4 所示列出了某些类型样品离子对洗脱剂的 pH 范围。由于反相离子对色谱大多采用以硅胶为基质的烷基键合固定相，pH 范围应控制在 1.5～8.5 范围内，以防止键合相硅胶的降解。

表 2-4-4　反相离子对色谱洗脱剂的 pH 范围

| 溶质类型 | 流动相 pH | 说明 |
|---|---|---|
| 强酸（$pk_a$<2），如磺酸染料 | 2～7.4 | 此类溶质在该 pH 范围都解离，实际选择的 pH 取决于共存的其他溶质类型 |
| 弱酸（$pk_a$>2），如磷酸、氨基酸 | 6～7.4<br>2～5 | 溶质是解离的，$k'$ 取决于离子对的性质；<br>溶质的解离被控制，$k'$ 取决于未解离溶质的性质 |
| 强碱（$pk_a$>8），如季铵 | 2～8 | 溶质在整个 pH 范围内解离，类似于强酸 |
| 弱碱（$pk_a$<8），如儿茶酚胺 | 6～7.4<br>2～5 | 溶质解离被控制，$k'$ 取决于未解离溶质的性质；<br>溶质是解离的，$k'$ 取决于离子对的性质 |

#### （四）离子交换色谱常用洗脱剂

水是优良的溶剂，具有可电离性能，大部分离子交换色谱皆在水溶液中进行。采用水作溶剂的缓冲液可以提供离子平衡的反离子，并使流动相保持一定的离子强度和 pH。有时也把少量有机溶剂，如乙腈、甲醇、乙醇和四氢呋喃等，加入含水系统中，以便改进样品的溶解性能，并提供独特的选择性变化。有机溶剂的加入还可减少某些样品组分的拖尾现象，从而改善分离。

在以水溶液为流动相的离子色谱中，缓冲液浓度直接影响离子平衡反应。和液固色谱、液液色谱中的情形相类似，缓冲液浓度的增加，会降低样品组分的保留，这是因为流动相中反离子浓度的增加，增强了它与样品离子争夺树脂上离子交换基团的能力，从而减弱了样品组分与离子交换树脂的亲和性。

缓冲液强度的上限取决于流动相中缓冲液盐的溶解性。要避免使用接近饱和的缓冲液浓度，因为若产生盐的沉淀，会造成液相色谱系统的堵塞。其下限由缓冲容量所决定，如果缓冲液太弱，则无法控制流动相的 pH。

流动相中的离子类型能对样品分子的保留产生显著的影响，因为不同的流动相离子与离子交换树脂相互作用的能力是不同的。在离子交换色谱中，广泛使用磷酸、乙酸、柠檬酸、硼酸和甲酸的钠盐、钾盐和铵盐。它们通常与其相应的酸相混合，用作碱性缓冲液。一般要尽量避免使用盐酸盐，因其对许多仪器的钢质组件有腐蚀作用。

#### （五）尺寸排阻色谱常用洗脱剂

尺寸排阻色谱中包括排阻和吸附两种分离机制，因此可根据不同的分析样品选择相应的流动相，如表 2-4-5 所示列出了常用的尺寸排阻色谱流动相。

表 2-4-5　用于尺寸排阻色谱的流动相

| 流动相 | 柱温/℃ | 分离的典型聚合物 |
|---|---|---|
| 水和缓冲剂 | 65 | 蛋白质、多肽等 |
| 甲苯 | 70 | 弹性体和橡胶等 |
| 1, 1, 2, 2-四氯乙烷 | 100 | 聚氯乙烯、聚苯乙烯等 |
| 间甲酚 | 30～135 | 聚酯、聚酰胺等 |
| 二甲基甲酰胺 | 85 | 聚丙酰胺等 |

缓冲系统的选择应考虑缓冲盐在流动相中的溶解度和缓冲容量，缓冲强度太弱将难于控制流动相的 pH。缓冲盐的浓度增加，黏度会相应增大，因此缓冲液强度以适中为宜。液相色谱用溶剂虽没有统一的规格指标，但一般商品试剂中难免存在一些杂质，使用前应适当纯化，例如，水必须是全玻璃系统二次蒸馏水。在使用电化学或其他高灵敏度检测器时，二次蒸馏设备需要采用石英蒸馏系统。目的在于除去普通蒸馏水或去离子水中的微量尘埃、有机物或无机物杂质及溶解于水中的酸碱气体等，Millipore 公司的纯化设备，包括阴、阳离子交换，活性炭吸附和微膜过滤四个主要净化筒，制出的水在 HPLC 中使用较理想。

## 二、固定相

液相色谱按固定相形态分为液液色谱、液固色谱以及最近发展起来的连续床固定相液相色谱几大类。通常所说的液相色谱指液固色谱，但其他几类液相色谱由于其自身的特征，常被用于特殊目的的分离分析过程。

液相色谱固定相按化学组成分类可分为微粒硅胶、高分子微球和微粒多孔碳等主要类型；按结构和形状分为薄壳型、全孔型、无定型和球型；按填料表面改性与否可分为吸附型和化学键合型；也可以按洗脱模式分成吸附、键合、离子交换和凝胶渗透四类。

### （一）液液色谱固定相

液液色谱又称分配色谱。固定相由惰性载体上涂敷固定液制成，流动相与载体表面固定相的接触面积很大。溶质分子在流动相与载体上的固定相平衡分配，根据各组分在两相间分配作用的差异，实现样品中溶质的相互分离，这一过程与液相萃取的原理类似。由于液液色谱中采用化学惰性固定相，因此，对于许多不稳定的溶质采用液液色谱分离可以避免发生异构化和水解等现象。载体上的固定液与流动相的不互溶，它们对试样的溶解能力差异很大。如果溶质在固定液中的溶解度很大，则保留时间会较长，峰展宽严重，检测灵敏度相对降低。相反，溶质在流动相中溶解度很大时，其在柱上将基本不保留。实际操作中，常采用由一种非极性溶剂（如己烷）与一种强极性溶剂（如水）并添加第三组分（如一种作为增溶剂的低级醇）混合而成的三元流动相体系，这种三元流动相可以调整固定液与流动相之间的极性差异，实现不同极性溶质的分离。

液液色谱固定相由载体和固定液两部分组成。

1. 载体

载体起着携带固定液的作用，一般需满足以下要求。

（1）孔容载体颗粒的孔容越大，所能浸渍的固定液量越多。孔容达（1～1.3）$mL \cdot g^{-1}$ 时，涂渍固定液量可以达到每克载体涂渍固定液 1 g。载体上涂渍的固定液越多，柱中固定液的总量也就越多，柱流失及其对试样组分保留体积的影响也就相对越不明显。

（2）比表面积载体比表面积的变化，会对固定相的色谱性能产生很大影响。常用载体的比表面积大于 200 $m^2 \cdot g^{-1}$。

（3）孔径常用载体的孔径约为 8～15 nm。

2. 固定液

在液液色谱中所采用的固定液，黏度不宜太高。低黏度的固定液扩散系数大，反应速度快，容易获得高的柱效。同时，对于使用紫外检测器的场合，应选用紫外吸收少（或无紫外吸收）的固定液，否则即使只有少量固定液溶于流动相中也可能对检测产生干扰。

从多组分样品中萃取已知溶质的分配体系的信息和条件可用于液液色谱体系的选择。在正相色谱中，载体上涂渍极性固定液，流动相采用非极性溶剂，反相色谱则相反。

液液色谱柱的一般寿命约 4～6 个月，对互溶性高的体系，柱寿命往往只有 1 个月，因此限制了这种方法的应用，目前只有在一些特殊的场合，或为了某些特殊的目的才采用这种方法。

## （二）液固色谱固定相

液固色谱又称吸附色谱，是最常用的 HPLC 分离方法，固定相一般为硅胶、氧化铝等吸附剂。溶质在柱中吸附剂上不断进行吸附解吸循环，由于不同的被测物在吸附剂上吸附作用的差异而获得分离。溶质所带官能团的性质是决定其吸附作用的主要因素，若溶质分子官能团的极性增强或数目增多，在使用极性吸附剂时，分子和极性吸附剂总的相互作用增强，其相对吸附作用也增强，则保留时间加长。

液固色谱中，溶质和固定相间存在两种特殊作用：（1）溶质和溶剂分子对吸附剂表面某一位置的竞争作用，使溶剂组成改变，并导致分离情况发生很大变化；（2）溶质所带各种官能团与吸附剂表面相应的活性中心之间的相互作用。这种作用与溶质分子的几何形状有关，当官能团的位置与吸附中心相匹配时，作用较强，反之，则作用较弱。因而，不同异构体的相对吸附作用往往会有很大差异，因此，吸附色谱法分离异构体往往比其他色谱法更为优越。

1. 吸附色谱固定相

正相色谱采用的固定相一般是硅胶、氧化铝等极性吸附剂。虽然文献上报道了许多在氧化铝上的数据，但商品化的氧化铝固定相并不多，通常广泛使用的是硅胶基质固定相。表 2-4-6 列出了部分常用的液固吸附色谱固定相，表 2-4-7 也归纳了在这类吸附剂上不同种类溶质分子中的极性官能团与固定相表面活性点之间相互作用的特征。

如表 2-4-6 所示，不同厂家生产的硅胶填料，差别主要在于粒度、形状和比表面积（孔结构）的不同。粒度和形状影响柱效和渗透性，而表面积和孔结构影响溶质的保留值和分离能力。表面积越大，即孔径越小，则溶质的保留值越大，柱效相应有所提高，在一定的范围内对复杂混合物的分离能力增强。在 LSC 中，全孔硅胶的比表面积一般为 $200\sim500$ m$^2\cdot$g$^{-1}$，孔径为 $5\sim10$ nm，而对于某些大分子或官能团族分离，宜用数十纳米孔径的吸附剂固定相。

表 2-4-6　部分 HPLC 中常用的微粒型吸附剂

| 商品名称 | 粒度/μm | 比表面积/（m$^2\cdot$g$^{-1}$） | 孔径/mm | 形状 | 生产厂家 |
|---|---|---|---|---|---|
| YWG | 5、7、10 | 300 | 6~8 | 非球 | 青岛海洋化工厂 |
| YQG | 5 | 400 | 8 | 球 | 青岛海洋化工厂 |
| GYQG | 3、5 | 300 | 10 | 球 | 北京化学试剂所 |
| Hypersil | 3、5、10 | 170 | 10 | 球 | Hypersil |
| LiChrosorb SI60 | 5、10、20 | 500 | 6 | 非球 | E.Merek |
| LiChrosorb SI100 | 5、20、20 | 300 | 10 | 非球 | E.Merek |
| LiChrosphere SI100 | 3、5、10 | 250 | 10 | 球 | E.Merek |
| Nucleosil | 3、5、10 | 300、500 | 50、100 | 球 | Macherey-Nagel |
| Partisil | 5、10、20 | 400 | 6 | 非球 | Whatman |

| 商品名称 | 粒度/μm | 比表面积/（m²·g⁻¹） | 孔径/mm | 形状 | 生产厂家 |
|---|---|---|---|---|---|
| μ-Porasil | 10 | 300 | 10 | 非球 | Waters |
| Spherisorb-S | 5、10、20 | 220 | 8 | 球 | Phase Separations |
| Ultrasphere | 5 | | | 球 | Alltech |
| Vydac TP-101 | 10 | 100 | 33 | 球 | Separations Group |
| Zorbax-Sil | 5～6 | 300 | 60 | 球 | Du Pont |
| LiChrosorb Alox-7 | 5、10 | 7～90 | 15 | 非球 | E.Merck |
| Spherisorb-A | 1、10、20 | 95 | 15 | 球 | Phase separations |

表 2-4-7　硅胶上官能团吸附强弱的分类

| 吸附强弱 | 官能团 |
|---|---|
| 无吸附 | 脂肪烃 |
| 弱吸附 | 烯烃、硫醇、硫醚、单环和双环芳烃、卤代芳烃 |
| 中等吸附 | 稠环芳烃、醚、腈、硝基化合物和大多数羰基化合物 |
| 强吸附 | 醇、酚、酰胺、亚胺、酸 |
| 一般规律 | （1）F＜Cl＜Br＜I 化物；（2）官能团之间的内氢键将使保留值减少；（3）极性基团旁边有庞大烷基存在时，保留值减少；（4）顺式比反式几何异构体保留值大；（5）环己烷衍生物和甾体的中位基团比轴端取代基有更强的保留 |

### 2. 化学键合固定相

化学键合固定相是借助于化学反应的方法将有机分子以共价键连接在色谱载体上制得的，主要用于反相、正相、疏水作用色谱分离模式中，离子交换、空间排斥和手性分离色谱中也有应用。据统计，键合相色谱在高效液相色谱的整个应用中占 80%以上。制备化学键合固定相，需满足两个必要条件：（1）所用的基质材料应具有某种化学反应活性，如许多 3～5 价氧化物，像硅胶、氧化铝、硅藻土等表面都存在可以进行化学反应的官能团；（2）有机液相分子应含有能与基质表面发生反应的官能团。硅胶（$SiO_2 \cdot xH_2O$）之所以是理想的化学键合相基体，主要由其表面性质所决定。硅胶的体相结构呈硅-氧四面体的晶体点阵，而在表面相这种点阵突然中断，表面硅原子可以通过硅醇基和失水后的硅氧烷结合，这种硅醇基是进行键合反应的活性官能团。实验表明，硅胶在 200 ℃以下烘干仅能失去物理吸附水；200～600 ℃之间，结合水（即羟基）逐步脱除而出现硅氧烷结构，但硅胶骨架不变；600 ℃以上时骨架开始变化。硅胶表面上存在足够的可反应硅醇基，再加上硅胶本身的强度好，孔结构和表面积易于人为控制，有较好的化学稳定性等诸多特点，因而成为各种化学键合相的理想基质材料。

化学键合相在高效液相色谱中的应用主要有以下几个优越性。

（1）在很大程度上减弱了表面活性作用点，清除了某些可能的催化活性。这样就缓和了一些复杂样品在表面上的不可逆化学吸附，使得操作简化，峰形对称，对溶剂中微量水分含量的变化要求不苛刻。此外还有，溶剂的残留效应小，梯度冲洗平衡快，和液固吸附色谱相比较，流动相性质比较温和，柱子寿命长。

（2）耐溶剂冲洗。这是传统的液液分配色谱（LLC）逐渐被键合相色谱取代的根本原因。

（3）热稳定性好。例如，十八烷基键合相的流失温度在 200 ℃以上。在高效液相色谱中，因为某些分离在升温条件下进行，热稳定性也具有一定的意义。

（4）表面改性灵活，容易获得重复性的产品。改变键合用的有机硅烷，可以得到不同键合相的填料。

化学键合相的分类可以有不同的依据，仅就目前用得最广的全孔微粒硅胶基质化学键合固定相为例，也有形状（球形和非球形）、粒度、孔结构的区别。根据键合有机分子的结构，硅胶键合固定相可分为 Si-O-C 键型（硅胶与醇类的反应产物）、Si-N 键型（硅胶与胺类的反应产物）、Si-C 键型（硅胶与卤代烷反应产物）和 Si-O-Si-C 键型（硅胶与有机硅烷的反应产物）等几种类型。按键合有机硅烷的官能团结构，Si-O-S-C 键型键合相还可分为非极性、极性和离子交换键合相等几类。

极性键合相一般指键合有机分子中含有某种极性基团。和空白硅胶相比，这种极性键合相的表面上能量分布相对均匀，因而吸附活性也比一般的硅胶低，可以看成是一种改性的硅胶。常使用正相操作，即用比键合相本身极性小的流动相冲洗。最常用的固定相有氰基（-CN）、二醇基（DIOL）、氨基（-NHg$_3$）等类型。

氰基键合相的分离选择性与硅胶相似，但因极性比硅胶弱，所以在相同流动相条件下的保留值较硅胶小，若要维持相似的保留值，可用极性更小的流动相冲洗。许多在硅胶上的分离可用氰基键合相完成，它的优点是在梯度冲洗或流动相组成改变时平衡快。由于键合过程中 Si-OH 基被-CN 基取代，因而固定相和溶质间的不可逆化学吸附或副反应减少。氰基键合相能与某些含有双键的化合物发生选择性相互作用，因而对双键异构体或含有不等量双键数的环状化合物有更好的分离能力。

二醇基键合相一般是缩甘油氧丙基硅烷键合相的水解产物 [Si-(CH$_2$)$_3$-O-CH$_2$CHOH-CH$_2$OH]，对有机酸和某些低聚物有希望获得好的分离，二醇基的另一个用途是可进行某些蛋白质的体积排斥色谱分离。和硅胶表面"硬"的硅醇基相比，蛋白质分子与填料表面相互作用时二醇基起到一种"软"接触的作用。蛋白质分子和键合相链中的两个非极性部分之间的相互作用对保留值的影响并不大，但应尽可能避免键合相上的残余羟基对蛋白质的吸附作用。

氨基键合相的性质与硅胶有较大的差异。Si-OH 基呈酸性，而-NH$_2$ 呈碱性，所以当用于正相冲洗时表现有不同的选择性。-NH$_2$ 基具有强的氢键结合能力，对某些多官能团化合物，如甾体、强心甙等，有较好的正相分离作用。在酸性介质中，这种键合相作为一种离子交换剂，可用于分离核苷酸。氨基可与糖类分子中的羟基发生选择性相互作用，因而当用乙腈-水作流动相时可以分离单糖、双糖和多糖，这已成为一种常规方法。此时，尽管从流动相角度看为反相，但从机理上讲为正相色谱，因为流动相中水含量的增加使保留值减小。

当化学键合的有机硅烷分子中带上固定的离子交换基团时，称为离子交换键合相。与一般的离子交换树脂相同，带磺酸基、羧酸基者为阳离子交换剂；带季铵基（-R$_4$N$^+$）或氨基（-NH$_2$）者为阴离子交换剂。硅胶基质离子交换键合相具有刚性强、耐压及没有树脂那种固有的溶胀和收缩现象等优点，因而可在同一根柱上按照分析对象的具体要求在较宽的范围内改变流动相的离子强度、pH 以及有机调解剂的种类和含量，不会对柱性能产生较大影响。再者，硅胶基质粒度细、均匀性好，表面传质过程快，因而柱效比离子交换树脂柱高。此外，离子交换键合相柱通常在室温下操作即可获得良好的分离，比树脂柱简单。

树脂型填料是作为离子交换色谱用固定相的传统填料，大多数都为苯乙烯-二乙烯苯共聚物基体，近期的研究工作主要集中在减小粒度和设计特定的孔结构方面。与键合相比较，树脂型离子交换剂有使用 pH 范围广（pH＝1～4）的特点（化学键合相一般 pH 为 2～7.5）。离子交换树脂受污染后，一般可以直接从柱内退出，经洗涤、再生后重新装柱，这也是优于键合相的特点之一。

反相高效液相色谱中使用的固定相，大多是各种烃基硅烷的化学键合硅胶。烷基链长可以是 $C_2$、$C_4$、$C_6$、$C_8$、$C_{16}$、$C_{18}$ 和 $C_{22}$ 等，最常用的是 $C_{18}$，又称 ODS，即十八烷基硅烷键合硅胶。键合烷基的链长对键合相的样品负荷量、溶质的容量因子及其选择性有不同的影响，当烷基键合相表面浓度（$\mu mol \cdot m^{-2}$）相同时，随着烷基链长增加，碳含量成比例增加，溶质的保留值增加。

短链烷基（$C_6$、$C_8$）硅烷，由于分子尺寸较小，与硅胶表面键合时可以有比长链烷基更高的覆盖度和较少的残余羟基，适合于极性样品或做离子抑制的样品的分析。长链烷基键合相有较高的碳含量和较好的疏水性，对各种类型的样品分子有较强的适应能力，从非极性的芳烃到氨基酸、肽、儿茶酚胺和许多药物的分析皆可适用。苯基键合相和短链烷基键合相性质类似，新发展的多环芳烃键合相与长链烷基相性质接近，较适合于芳香族化合物的分离。为适应蛋白质、酶等生物大分子分离的需要，一些键合有短链烷基（$C_3$、$C_4$）的大孔硅胶（$20 \sim 40$ nm）键合相和非极性效应更好的含氟硅烷键合相也已发展起来。新型键合固定相的迅速发展为分析工作者对具体样品选用合适的固定相带来诸多便利。

### （三）离子交换固定相

这里的离子交换固定相即指一般的离子交换剂，不包括键合离子交换固定相。

离子交换剂的种类很多，大部分为有机物，如各种类型的树脂，也可以是无机物，如矿物质等。它们既可以是人工合成的，也可以是天然的，如各种改性的纤维素、葡萄糖、琼脂糖的衍生物等。通常用聚苯乙烯和二乙烯基苯进行交联共聚生成不溶性的聚合物基质，再对芳环进行磺化生成强酸性阳离子交换剂；或对芳环进行季铵盐化，生成带有烷基胺官能团的强碱性阴离子交换剂。

离子交换剂上的活性离子交换基团决定着其性质和功能。

除阳离子、阴离子交换剂外还有两性离子交换剂，在其基质中既含有阳离子交换基团，又含有阴离子交换基团。这类离子交换剂在与电解质接触中可形成内盐，通过用水洗的办法很容易使它们获得再生。偶极子型离子交换剂是一种特殊类型的两性离子交换剂，通过氨基酸键合到葡聚糖或琼脂糖上制得，其在水溶液中可形成偶极子，这种离子变换剂非常适合于能与偶极子发生相互作用的生物大分子的分离。

尽管离子交换剂的种类很多，然而到目前为止用得最多的仍然是以聚苯乙烯和二乙烯苯为基质的带各类官能团的离子交换剂，但其作为柱填充物有较大的溶胀性，不耐高压，表面和内部的微孔结构会影响溶质的传质速率。以硅胶为基质的各种键合型离子交换剂的应用越来越广泛，最常见的键合型离子交换剂通过在薄壳型或全多孔球型微粒硅胶表面键合上各种离子交换基团制得。这种离子交换剂具有较好的化学稳定性和热稳定性，并能承受较高的压力，分离效能较高。

### （四）凝胶固定相

凝胶是凝胶色谱产生分离作用的基础，选择和搭配具有不同孔径及色谱性能良好的凝胶是完成凝胶色谱分离的重要步骤。

根据材料的不同，凝胶可分成有机和无机凝胶两大类。不同凝胶在装柱方法、使用性能上各有差异。对有机凝胶，要求湿法装柱，柱效较高。由于热稳定性、机械强度低、化学惰性差及易老化等缺陷，对使用条件要求较苛刻。常用有机凝胶有交联聚苯乙烯、交联聚乙酸乙烯酯、交联葡聚糖等种类。交联聚苯乙烯的孔径分布比较宽，因此分离样品的分子量范围比较大，柱效较高，可用一般的非极性有机溶剂作流动相。

无机凝胶柱效相对低一些，但性能稳定，对使用条件要求不苛刻，易于掌握。无机凝胶有多孔硅胶和多孔玻璃。多孔硅胶是一种被广泛采用的无机凝胶，其特点是化学惰性、热稳定性及机械强度好，因此使用寿命长。此外，无机凝胶对液流阻力小，柱压低也有利于仪器的正常运转和延长其使用寿命。硅胶的最大特点是解决吸附问题，一般需要作表面处理。

可根据不同凝胶的色谱指标，即渗透极限和分离范围选择分析样品所需的硅胶种类。渗透极限是凝胶可以用来分离溶质的分子量最大极限，分子量超过该极限的分子在凝胶颗粒间隙流出，没有分离效果。渗透极限与孔大小有关，孔径大，渗透极限也大。分离范围一般是指分子量-洗脱体积曲线的线性部分，表 2-4-8 给出了国产 NDG-L 系列凝胶色谱填料的一些基础数据。文献[①]中也有对其他品牌凝胶色谱填料的讨论。

---

① 张新申. 高效液相色谱分析［M］. 北京：学术书刊出版社，1990.

表 2-4-8　NDG-L 系列凝胶色谱填料的基础数据

| 硅胶 | 渗透极限（聚苯乙烯分子量） | 分离范围 |
| --- | --- | --- |
| NDG-1L | $4 \times 10^4$ | $100 \sim 2 \times 10^4$ |
| NDG-2L | $1 \times 10^5$ | $1 \times 10^3 \sim 1 \times 10^5$ |
| NDG-3L | $2.5 \times 10^5$ | $1 \times 10^4 \sim 1 \times 10^5$ |
| NDG-4L | $1 \times 10^6$ | $6 \times 10^4 \sim 1 \times 10^6$ |
| NDG-5L | $2 \times 10^6$ | $1 \times 10^5 \sim 2 \times 10^6$ |
| NDG-6L | $5 \times 10^6$ | $4 \times 10^5 \sim 5 \times 10^6$ |

可采用将不同规格的凝胶柱串联起来搭配的方法，使分子量-洗脱体积曲线的线性范围与待测样品的分子量范围相当。实际使用时，根据样品的不同可以决定采用哪几种硅胶，用几根柱子进行匹配，以得到好的分离效果。

# 第五节　定性分析和定量分析

液相色谱法作为一种重要的分离手段，色谱柱可以将复杂的多组分混合物分离，这种能力是任何其他分析方法所无法比拟的。对经色谱柱分离后组分的定性及定量鉴定，是色谱工作者完成分析工作的一个重要环节。液相色谱法包括多种模式，可以笼统地分为柱色谱和平面色谱两类，本节介绍几种柱色谱中的常用定性定量方法。

## 一、定性分析

高效液相色谱法的定性分析与气相色谱法的定性分析类似，就是为了确定各色谱峰所代表的化合物。由于能用高效液相色谱分析的物质较多，不同组分在同一条件下色谱峰出现时间可能相同，仅凭色谱峰确定物质的结构有一定的困难。故对于一个待测食物样品，首先要了解它的来源、种类、性质、分析目的和可能存在的组分，在这一基础上，对样品进行初步估计，再结合定性方法确定每个色谱峰所代表的化合物。这里只介绍几种最常用的定性方法，对于一些复杂的定性研究将不涉及。

高效液相色谱法在定性分析方面有两项任务：第一，把混合物分离成达到要求纯度的单一组分；第二，在分离的基础上，确定各组分的化学结构。应当指出的是，所有未知组分在经高效液相色谱分离纯化后，其化学结构并非都可以确定。可借高效液相色谱法进行定性分析的通常只能是已知的化合物；对于结构未知的化合物，高效液相色谱法通常只能完成其分离任务，提供未知的纯物质供下一步分析鉴定用（如元素分析、光谱分析、质谱分析等）。不过，随着现代物理分析方法和电子计算机技术的进展和广泛应用，一些测定未知物质结构的重要手段，如质谱、红外光谱等获得的很大进展，分析鉴定的灵敏度越来越高，样品需要量越来越少，分析速度越来越快。这些分析技术的进展为色谱柱出口的洗脱液作直接分析创造了可能，高效液相色谱法和其他分析手段联用技术的出现（如 HPLC-MS、HPLC-FTIR 等），为测定未知组分的结构提供了有效的手段，但还不够完美，有待进一步改善。这种仪器间的联用技术，在高效液相色谱分析方面开始尚不久，其发展前途是难以估量的，它将为高效液相色谱的应用开辟更广泛的前景。

### （一）利用已知标准样品

利用标准样品对未知化合物定性是最常用的液相色谱定性方法，该方法的原理与气相色谱法中相同。每一种化合物在特定的色谱条件下（流动相组成、色谱柱、柱温等不变）的保留值具有特征性，如果在相同的色谱条件下被测化合物与标样的保留值一致，就可以初步认为被测化合物与标样相同。若流动相组成经多次改变后，被测化合物的保留值均与标准样的保留值相一致，就能够进一步证明被测化合物与标样为同一化合物。

### （二）利用检测器的选择性

不同种类液相色谱检测器均有其独特的性能，如示差折光检测器是一种通用性的检测器，但是灵敏度一般较低，而紫外、荧光及电化学检测器则为选择性检测器，灵敏度相对比较高。将一定量的未知化合物引入柱后并联或串联着的几种检测器（两种或两种以上），视其响应情况可以初步判别此未知化合物的类别。以烃类及其衍生物为例，在紫外光谱区（90～400 nm）饱和烷烃的吸收很小，而以共轭双键结合的分子，如芳香烃等，有较强的吸收，分子中苯环的数量越多，吸收愈强。所以，对于包含几种烃类组分的混合物样品，将色谱柱中的流出物同时引入并联的两种检测器，或按顺序依次引入串联的两种检测器，可以通过对比所得到的两张色谱图，由各组分在不同检测器上的相对峰高而判别它们所属化合物的类型。图 2-5-1 是两张由三组分样品经色谱柱分离后在并联的紫外和示差折光检测器上所得的色谱图。

如图 2-5-1 所示比较（a）和（b），可以对样品中的三个组分的类别作出初步判定。峰 1 很可能是带有芳环的化合物，峰 2 则不大可能带有芳环，而峰 3 以现有结果还不能确定为何类 60 化合物。总之，比较各组分在不同检测器上的色谱图相对响应值，可粗略地推测其结构或否定某种结构。

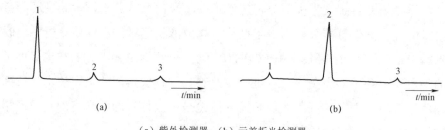

（a）紫外检测器；（b）示差折光检测器

图 2-5-1　双检测器定性

### （三）利用紫外检测器全波长扫描功能

紫外检测器是液相色谱中使用最广泛的一种检测器，全波长扫描紫外检测器可以根据被测化合物的紫外光谱图提供一些有价值的定性信息。传统的方法是：在色谱图上某组分的色谱峰极大值出现时，即最高浓度谱带进入检测器时，通过停泵等手段，使组分在检测池中滞留，然后对检测器中的组分进行全波长（180～800 nm）扫描，得到该组分的紫外可见光谱图，再取可能的标准样品按同样方法处理，对比两者光谱图即能鉴别该组分是否与标准品相同。对于某些有特征紫外光谱图的化合物，也可以通过对照标准谱图的方法来识别未知化合物。

带有双通道的多波长紫外检测器中，每个通道可选择多种不同波长（一般由 210～280 nm）。组分进入检测器后，选择两束特定波长的光同时照射到该组分分子上，在双笔记录仪上即能同时记录下该组分在这两个波长下的吸收率，得到对应的两张色谱图，如图 2-5-2 所示。

在一定的色谱条件下，每种化合物在不同波长下的吸收率比值不变，因此，当组分进入检测器后，可得到在一组不同波长下的吸收率比值。例如，$A_{220\,nm}/A_{230\,nm}$、$A_{240\,nm}/A_{250\,nm}$、$A_{230\,nm}/A_{270\,nm}$ 等，其中，$A_{220\,nm}$ 表示该化合物在

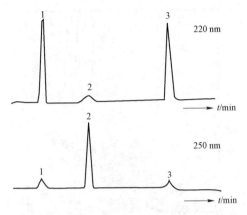

图 2-5-2　采用不同紫外波长得到的色谱图

220 nm 波长下的吸收率，即色谱图的峰面积。取某些纯品标样在相同的色谱条件下进行实验，作出不同波长下特定的吸收率比值，并将样品组分与标准化合物的光谱图相比较，可对组分结构作出肯定或否定的定性结论。此外，通过比较色谱峰各点的吸收率比值，也可以鉴别色谱峰内是否夹杂有另外的化合物，即检查色谱峰的纯度。

　　二极管阵列紫外检测器对于液相色谱定性结果相对于上面的两种方法有更大的优势，这种检测器一般可以在很短的时间内完成一次从 200～800 nm 波长范围的全扫描，并将扫描结果存入计算机。当样品从色谱柱流出进入检测器时，在每一个采样点皆可以得到一张全波长范围扫描的紫外光谱图，结合时间坐标，即可以获得包括有色谱信号、时间、波长的三维色光谱图。

　　图 2-5-3 是一组化合物的色谱光谱图，通过对比色谱峰上各点的光谱图可以判别峰的纯度，而与标准品的紫外光谱图或标准谱图相比较，也可以进一步确认该未知物的结构。

### （四）利用改变流动相组成时被测组分的保留值变化规律

　　溶质在液相色谱法中的保留值随流动相组成的变化及固定相的改变而改变，不同溶质的变化规律也不相同。为了使样品中的多种溶质组分得到很好的分离，可以通过改变流动相组成等参数的手段实现，也可以根据某一化合物在特定条件下的保留值变化规律反过来推测得到其结构特征的信息。由于液相色谱系统比较复杂，溶质保留值变化规律一般受三个或三个以上因素的协同制约，因此给这种提供定性信息方法的实践带来很大困难。近年来，很多

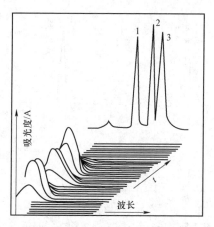

1—可地松；2—地塞米松；3—皮质甾酮
图 2-5-3　紫外光电二极管阵列检测器得到的色谱光谱图

色谱工作者对于通过流动相组成与化合物保留值之间的关系来定性的工作作了很多有益的尝试，得到了一些在局部范围内有参考价值的关系式，但离真正在实际工作中应用还有一段距离，这里只对其中较为成熟的两种方法加以简单介绍。

1. 反相色谱中的 a、c 指数定性

理论研究表明，在以硅胶为固定相的反相色谱中，溶质保留值与流动相组成关系式中的系数能够反映溶质的结构特征，因此可用于溶质的辅助定性。卢佩章等给出了 460 种化合物在 $C_{18}$ 柱上不同条件下的 a、c 指数，并提出了不同柱系统、不同冲洗剂浓度组成时 a、c 指数之间的换算方法。在相同的色谱条件下，如果样品中某一组分的 a、c 指数与一已知标样相同，即认定两者为同一种化合物，但这种方法的应用目前还存在很大的局限性。

2. 有机酸碱的 pH-p$k_a$ 规律定性

在反相色谱系统中，改变流动相 pH 的条件下，不同类的可解离有机酸类、有机碱类等溶质的保留值变化有其独特的规律，如图 2-5-4 所示。

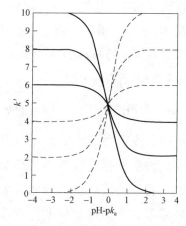

图 2-5-4　一元有机酸（实线）碱（虚线）的容量因子与流动相 pH-p$k_a$ 关系

对于某一种有机酸类溶质，其解离常数 pk 为常数，流动相中氢离子浓度变化后，对有机酸的解离起到调解作用，因此溶质的容量因子随之变化。同理，对于有机碱类溶质，容量因子随流动相 pH 的变化与有机酸正相反。因此，对于一个未知化合物而言，测定其容量因子随流动相 pH 的变化规律，即能判断其为有机酸类或有机碱类，以及酸碱性的强弱。

**（五）碳数规律定性**

容量因子是溶质的一种结构型物性参数，即溶质容量因子的对数与同系物碳数之间存在良好的线性关系。

$$\ln k' = a + bn$$

式中：

$a$、$b$ 为常数；

$n$ 为同系物的碳数。

对于包含有同系物溶质的样品，在已知部分同系物在色谱图中位置的情况下，可以根据碳数规律对同系物的未知部分进行定性。

**（六）联合定性**

收集从色谱柱中流出的各样品组分，再用其他化学或物理方法定性的方法在液相色谱中经常采用。液相色谱仪常采用光学检测器，这样被测化合物经过检测器后不会遭受破坏，可以很方便地被收集并进一步通过红外光谱、质谱、核磁共振等其他方法作定性鉴定。液相色谱与其他分析方法的联用技术也属于此类。

## 二、定量分析

样品中的混合组分经色谱柱分离后，依次进入检测器，因此可以精确测定每一组分的含量。相对而言，色谱法对于样品的定量较其定性具有更大的优势。

一定量样品被注入色谱柱后由流动相携带着在固定相与流动相之间进行多次分配完成分离，最后离开色谱柱，并进入检测器而产生响应。由于组分在柱内运行过程中受传质、扩散等因素的影响，离开色谱柱时，浓度随时间变化的规律以某种形式的分布曲线在记录仪上被记录下来，进入检测器的物质量等于它在流动相中浓度对时间的积分值。这样溶质的量 $m$，与色谱峰面积之间的关系可以写成如下形式。

$$m_i = \frac{u_2}{u_1} \cdot \frac{F_c}{S_i} \cdot A_i$$

由于在检测器响应值的线性范围以内，纸速 $u_1$（cm/min）、记录器灵敏度 $u_2$（mV·cm$^{-1}$）、流动相流速 $F_c$（mL·min$^{-1}$）和记录器灵敏度 $S_i$ 皆为常数，因此进入检测器的溶剂质量与色谱峰面积 $A_i$ 之间存在正比例关系，这是色谱法利用被测组分色谱峰面积进行定量的基础。

**（一）峰面积测定**

色谱法中是利用被测组分的色谱峰面积进行定量，因此准确测量色谱峰面积是色谱定量工作中的必要前提。随着色谱技术的发展，峰面积的测量方法也在不断得到改进。

1. 峰高乘峰半宽法

对于对称峰形，可按下列公式计算峰面积

$$A = 1.065 W_{1/2} h$$

式中：

$A$ 为色谱峰面积；

$W_{1/2}$ 为半高峰宽；

$h$ 为峰高；

系数 1.065 为色谱峰与三角形面积之间的校正系数。

按此公式计算峰面积时，要特别注意峰宽测量的准确性。对于峰宽小于 2 mm 的色谱峰，经常采用放慢记录纸纸速的方法加大峰宽以减小误差。当峰宽不随进样量变化时，也可以用峰高代替峰面积作定量计算。

直接按此公式计算不对称峰形的峰面积误差较大，可采用面积仪测出峰面积，或将峰面积印在已知面积与质量关系的纸上，剪下峰形，称其质量而计算得到相应的峰面积。

2. 积分仪法

积分仪可以将检测器给出的微电流或电压信号进行积分，并将峰面积打印出来。

3. 微处理机法

20 世纪 80 年代后生产的液相色谱仪大多带有微处理机。微处理机不仅能将检测器给出的微电流或微电压信号经处理后打印出峰面积，而且能根据所给指令按外标法或内标法，根据标样和各组分的峰面积，直接打印出各组分的含量。

### 4. 色谱工作站方法

色谱工作站不仅具有微处理机的功能，而且具有对基线波动进行修正、判别重叠峰等功能，可以给出更精确的峰面积数据。

## 二、定量计算方法

### 1. 外标法

外标法是以被测组分的纯品（或已知其含量的标样）作为标准品进行对比定量的一种方法。取一定量标准品（即一定量已知浓度的溶液）在给定的色谱条件下注入色谱柱，由检测器测定其响应值（峰面积或峰高）。在一定浓度范围内，标样量与响应值之间一般有比较好的正比例关系。

$$A_0 = f_0 c_0 V_0$$

式中：

$A_0$ 为峰面积；

$V_0$ 为注入的标样溶液体积；

$c_0$ 为标样溶液浓度；

系数 $f$ 可由实验测得。

在完全相同的色谱条件下，如果未知样品的进样量为 $V_1$，实验测得的与标样相同组分的峰面积为 $A_1$，根据上面的公式，由已知的 $A_0$、$V_0$ 和 $c_0$ 等即能求出样品中该种组分的相对浓度 $c_1$。

$$c_1 = \frac{A_1 c_0 V_0}{A_0 V_1} = \frac{A_1}{f_0}$$

如果检测器的灵敏度不很稳定，测定样品期间需要经常注入标样以得到不同时间的 $f_0$ 值。

外标法由于方法操作和计算都比较简单，因此在液相色谱样品定量中经常被采用，但是这种方法对分析样品的整个操作过程中操作条件的稳定性要求较高，如检测器灵敏度、流动、相流速组成等不能有较大变化。为了使溶液浓度保持恒定，也要求标样溶液及被测溶液被较好地密封，并且每次进样体积要有好的重复性，否则将会影响到定量结果的准确性。

2. 内标法

外标法的几点要求有时难以实现，为了得到准确的定量结果，必须采用另外的有效定量方法。在同一次实验操作中，被测物的质量响应值与内标物的质量响应值的比值不随进样体积或操作期间所配制的溶液浓度的变化而变化，根据这一原理能够通过内标法得到未知样品较准确的定量结果。

内标法定量首先要选择与被测物保留值相近的内标物，当样品中有几个被测组分时，则要求内标物的保留值介于几个被测组分之间，应避免与其他组分峰重叠。内标法定量的具体操作为：第一步，先用分析天平准确称取被测组分 a 的标样 $W_a$，再称取内标物 $W_s$，并加入一定量的溶剂将其溶解，如此得到的溶液作为混合标样使用。取一定体积混合标样注入色谱柱，得到的被测组分及内标物色谱峰的峰面积分别为 $A_a$ 和 $A_s$，那么相对质量响应值为：

$$S_a = \frac{A_a / W_a}{A_s / W_s}$$

注意：这里的 $W_a$、$W_s$ 分别是混合标样溶液中所含有的总的被测组分 a 及内标物的绝对质量。

第二步，称取含 a 组分的被测物 $W_a'$，另准确称取内标物 $W_s'$，将两者混合并用一定量溶剂配制成混合溶液。取一定体积混合样品注入色谱柱，可得被测组分及内标物的色谱峰面积分别为 $A_a'$ 和 $A_s'$，然后进一步算出被测样品中目标组分响应值为：

$$S_a = \frac{A_a' / W_a'}{A_s' / W_s'}$$

即：

$$W_a' = \frac{A_a' / W_s'}{A_s' / f_s'}$$

组分 a 在被测样品中的含量（质量分数 $w$）为：

$$w = \frac{W_a'}{W} \times 100\%$$

如果被测样品中除 a 组分外，还有 b、c、d 等其他组分，均可按此方法。先分别求得每种组分的响应值，再进一步求得各组分在样品中的含量。

内标法定量操作过程中将样品和内标物混在一起注入色谱柱，进样体积不重复对峰面积所造成的影响，在计算过程中均被抵消，因此只要混合溶液中被测组分与内标物量的比值恒定，溶剂体积的变化不会影响定量结果。由此可见，内标法较外标法准确度高，但是操作和计算均较复杂。

外标法和内标法是液相色谱中常用的两种定量方法。至于其他方法，如气相色谱中，用氢火焰离子化检测器时常采用的归一化法等，在液相色谱中一般不被采用。这是因为在液相色谱中所使用的检测器均为紫外、荧光检测器等选择性检测器，它们对不同结构化合物的响应值差别较大，有时甚至能相差几个数量级，如此采用归一化的方法定量显然是不可行的。

# 第三章

# 高效液相色谱仪的组成

目前国内外商品高效液相色谱仪器种类较多，虽然各种型号仪器的性能和结构复杂程度各有不同，但仪器均主要组成大致相同。本章将依次从输液系统、进样系统、分离系统、检测器、记录器和数据处理设备等五个方面，分析高效液相色谱仪的组成。

## 第一节　输液系统

输液系统的作用是保证流动相能正常工作，输液系统包括贮液及脱气装置、高压输液泵和梯度洗脱装置。

### 一、贮液及脱气装置

#### （一）储液罐

储液罐的材料应耐腐蚀，可为玻璃、不锈钢、氟塑料或特种塑料聚醚醚酮（PEEK），容积为 0.5～2.0 L。对凝胶色谱仪、制备型仪器，其容积应更大些。储液罐放置位置要高于泵体，以便保持一定的输液静压差。使用过程储液罐应密闭，以防溶剂蒸发引起流动相组成的变化，还可防止空气中 $O_2$、$CO_2$ 重新溶解于已脱气的流动相中。

在通用的液相色谱系统中，应该使用数个溶剂储存器来提供梯度洗脱装置，如图 3-1-1 所示。对某些梯度洗脱法，溶剂的供应可采用多通阀系统从各储存器中连续不断地引出来，此多通阀系统也必须由惰性材料制成。在溶剂储存系统中经常包括这样一个多通阀，以便对不同分析或为达到清洗柱的目的能够迅速地选择特定的溶剂。

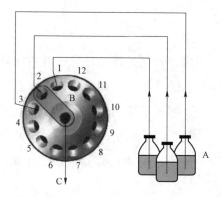

A—可供选择的溶剂储液罐（至多 12 个）；B—溶剂选择阀；C—至脱气机

图 3-1-1　溶剂储液罐及溶剂切换阀

　　所有溶剂在放入储液罐之前必须经过 0.45 μm（或 0.2 μm）滤膜过滤，除去溶剂中的机械杂质，以防输液管道或进样阀产生阻塞现象。溶剂过滤常使用 $G_4$ 微孔玻璃漏斗，可除去 3～4 μm 以下的固态杂质。

　　对输出流动相的连接管路，其插入储液罐的一端通常连有孔径为 0.45 μm（或 0.2 μm）的多孔不锈钢过滤器或由玻璃制成的专用膜过滤器。

　　过滤器的滤芯是用不锈钢烧结材料制造的，孔径为 2～3 μm，耐有机溶剂的侵蚀。若发现过滤器堵塞（发生流量减小的现象），可将其浸入稀 $HNO_3$ 中，在超声波清洗器中用超声波振荡 10～15 min，即可将堵塞的固体杂质洗出。若清洗后仍不能达到要求，则应更换滤芯。

　　市售储液罐中使用的溶剂过滤器如图 3-1-2 所示。

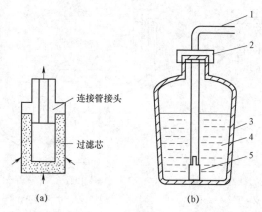

1—聚四氟乙烯管；2—上盖；3—储液瓶；4—流动相；5—溶剂过滤器

（a）溶剂过滤器结构；（b）储液瓶中的溶剂过滤器

图 3-1-2　溶剂过滤器

**（二）脱气装置**

流动相在使用前必须进行脱气处理，以除去其中溶解的气体（如 $O_2$），防止在洗脱过程中流动相由色谱柱流至检测器时，因压力降低而产生气泡。在低死体积检测池中存在气泡会增加基线噪声，严重时会造成分析灵敏度下降，而无法进行分析。此外，溶解在流动相中的氧气会造成荧光猝灭，影响荧光检测器的检测，还会导致样品中某些组分被氧化或使柱中固定相发生降解而改变柱的分离性能。

常用的脱气方法有如下几种。

（1）吹氦脱气法使用在液体中比在空气中溶解度低的氦气，在 0.1 MPa 压力下，以约 60 mL/min 的流速通入流动相 10～15 min 以驱除溶解的气体。此法适用于所有的溶剂，脱气效果较好，但在国内因氦气价格较贵，本法使用较少。

（2）抽真空脱气法使用微型真空泵，降压至 0.05～0.07 MPa 即可除去溶液中溶解的气体。显然，使用水泵连接抽滤瓶和 $G_4$ 微孔玻璃漏斗可一起完成过滤机械杂质和脱气的双重任务。由于抽真空会引起混合溶剂组成的变化，故此法适用于单一溶剂体系脱气。对多元溶剂体系，每种溶剂应预先脱气后再进行混合，以保证混合后的比例不变（见图 3-1-3）。

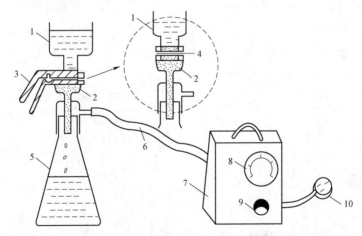

1—玻璃砂芯过滤器的储液器；2—玻璃砂芯过滤器的接收器（带有内磨口及侧管）；
3—固定玻璃砂芯过滤器上、下两部分的金属弹簧夹；4—0.45 μm 的过滤膜；
5—锥形储液瓶（上端带有外磨口）；6—连接真空泵的厚壁橡胶管；7—真空泵；
8—真空表（－30～0 mmHg 或－100～0 kPa）；9—电源开关；10—真空泵电源插头

图 3-1-3　流动相的减压过滤和抽真空脱气

（3）超声波脱气，将欲脱气的流动相置于超声波清洗器中，用超声波振荡脱气（见图 3-1-4），可通过调节超声波发生器的功率（W）和振荡频率（Hz）来改善脱气效果。一般用超声波振荡 10～15 min，但此法的脱气效果较差。

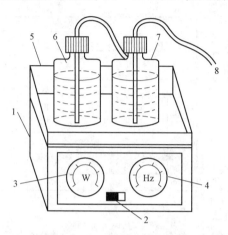

1—超声波发生器；2—电源开关；3—功率调节；4—频率调节；5—储液罐放置台；
6—流动相 A；7—流动相 B；8—色谱系统

图 3-1-4　超声波脱气

以上几种脱气方法均为离线（Off-Line）脱气操作，随流动相存放时间的延长又会有空气重新溶解到流动相中。

（4）在线真空脱气机（On Line Vacuum Degasser）可及时有效地去除流动相中溶解的气体，从而降低压力脉动，提高色谱保留值的重现性。

真空脱气机主要由真空腔（内置四通道管状塑料半透膜）和真空泵组成。腔内半透膜分成四个独立的单元，并两两组合在一起，半透膜是由两种不同材料的塑料膜组成，其可在真空状态下由膜内向膜外渗透气体。真空泵运行时，真空腔内产生部分真空，真空度由压力传感器测定。根据传感器信号的变化，脱气机通过运行或关闭真空泵以保持真空腔内一定的真空度。

流动相在高压输液泵的驱动下，通过真空腔的特殊塑料半透膜。由于半透膜外的腔体空间处于一定的真空状态，就使流动相中溶解的气体渗透出半透膜，进入真空腔并被真空泵抽走。此时，流动相到达真空脱气机出口，已被完全脱气而不含任何气体了。

把真空脱气机串接到储液系统中，并结合膜过滤器，实现了流动相在进入输液泵前的连续真空脱气。此法的脱气效果明显优于上述几种方法，并适用于多元溶剂体系。

在线真空脱气机现已成为对流动相进行脱气的标准装置，已被多种型号的高效液相色谱仪采用，Agilent1200 系列使用的 G1379 型（分析型）、G1322 型（半制备型）在线真空脱气机的结构如图 3-1-5 所示。

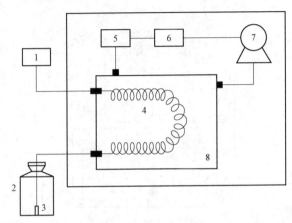

1—输液泵；2—溶剂储液罐；3—过滤器；4—半透膜管线（气体可透过）；
5—真空室传感器；6—控制电路；7—真空泵；8—真空腔体
图 3-1-5　G1379 型、G1322 型在线真空脱气机结构

## 二、高压输液泵

高效液相色谱柱填料颗粒较小，通过柱子的流动相受到的流动阻力较大，因此需用高压泵，以便向柱子提供流量稳定、重现性好的流动相。对高压输液泵的要求包括以下几点。

（1）流量稳定，输出的流动相基本无脉冲，流量精度和重复性优于 0.3%。

（2）流量范围宽，分析型一般在 0.1～10 mL·min$^{-1}$ 范围内连续可调。为适应微柱技术发展，现已有最小体积流速为 0.01 mL·min$^{-1}$ 的高压输液泵，制备型仪器所用高压输液泵最大流速达 100 mL·min$^{-1}$。

（3）输出压力高，密封性能好，最高输出压力应达 40～50 MPa。

（4）泵的死体积小，有利于流动相的更换。岛津公司的 LC-10AD 双柱塞往复式并联泵的泵腔体积仅为 10 μL，单向阀的体积仅为 2 μL。

（5）耐腐蚀性好。在分析生物样品时流动相常用腐蚀性较大的缓冲液，这对泵材料的耐腐蚀性要求很高。使用腐蚀性流动相后应立即用其他溶剂冲洗泵腔，避免腐蚀性的流动相长期留存于泵内。最近一些新型柱塞泵的柱塞后附有

清洗装置，可自动冲洗。

（6）具有梯度洗脱功能。高压泵按输液性能可分为恒压泵和恒流泵两类，按机械结构又可分为液压隔膜泵、气动放大泵、螺旋注射泵和往复柱塞泵4种。前两种为恒压泵，后两种为恒流泵，恒压泵可以输出压力稳定不变的流动相。在一般的系统中，由于系统阻力不变，恒压也可达到恒流的效果。但当系统阻力变化时，输入压力虽然不变，流量却可随阻力而变化，恒流泵则无论柱系统阻力如何变化都可保证其流量基本不变。

在色谱实际操作中，柱系统的阻力由于某些原因可能有所变化（如填料装填不均匀、由高压装柱造成的柱系统阻力的改变等），因此恒流泵比恒压泵更优越。然而在泵和柱系统所允许的最大压力下操作时，恒压泵较方便且安全，因此有些恒流泵亦带有恒压输液的功能，以满足多种需要。表 3-1-1 为 4 种高压输液泵的特点，图 3-1-6～图 3-1-9 分别为 4 种泵的结构示意图。

**表 3-1-1　4 种高压输液泵的特点**

| 泵类型 | 优点 | 缺点 |
|---|---|---|
| 液压隔膜泵 | 制备工艺要求低，高压密封易于解决 | 排吸液切换时压力波动较大 |
| 气动放大泵 | 制备容易，输液时压力稳定无脉动 | 流量调节不方便，很少用于梯度淋洗；在柱路阻力变化时，流量也随之改变，目前多用于装柱 |
| 螺旋注射泵（或电动螺旋泵） | 这种泵流量稳定，属恒流泵 | 间断式供液，更换流动相时，清洗不方便，采用双缸结构解决了间歇供液的问题，但清洗困难仍无法克服，目前多用于超临界色谱 |
| 往复柱塞泵 | 液缸容积恒定，柱塞往复一次排出的流动相恒定，流量由改变柱塞往复频率来调节 | 往复式柱塞泵是恒流泵，但它输出的流动相有明显的脉动，这由其结构所决定 |

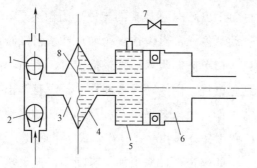

1、2—进出口单向阀；3—非载液缸；4—压力传递介质缸；5—压力传递介质；
6—柱塞；7—压力传递传质输入阀；8—压力传递隔膜

图 3-1-6　液压隔膜泵示意图

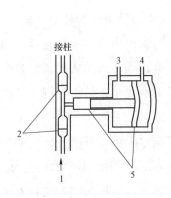

1—溶剂入口；2—单向阀；3—回复时空气入口；
4—驱动时空气入口；5—密封
图 3-1-7　气动放大泵示意图

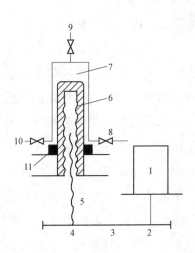

1—电机；2、3、4—传动齿轮；5—丝杠；6—柱塞；
7—液缸；8、9、10—高压针形阀；11—密封环
图 3-1-8　螺旋注射泵示意图

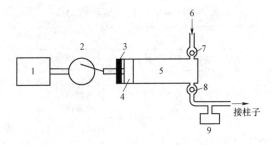

1—电动机；2—凸轮；3—密封；4—活塞；5—泵室；6—溶剂入口；
7—入口单向阀；8—出口单向阀；9—脉冲阻尼器
图 3-1-9　往复柱塞泵（单柱塞）示意图

　　往复柱塞泵是目前 HPLC 采用最多的一种高压输液泵。工作时，电动机带动凸轮转动，凸轮驱动活塞在液缸内往复运动。柱塞自液缸内抽液时，出口单向阀关闭，流动相自入口单向阀吸入；柱塞推液时，入口单向阀关闭，流动相自出口单向阀压出到色谱柱。因为在吸入冲程时泵没有输出，流动相流量的脉动将使仪器无法正常工作，所以多采用双头泵和加脉动阻尼器以减少脉动。往复泵有单柱塞、双柱塞［又分为并联式、补偿式（串联式）、压吸入式等］和三柱塞泵等不同类型。一般来说，柱塞增加，脉动小，流量更平稳，但构造也相应复杂，故障概率明显增加。

　　（1）单柱塞泵结构如图 3-1-9 所示。泵的压力和流量波动大，采取一些必

要的措施，如增加阻尼器、对凸轮形状作特别设计以及利用先进的电子技术，也可获得满意的结果。采取在排液冲程结束瞬间突然加速吸液，然后立即高速排液，使压力很快恢复到原有状态后，再匀速排液，也可以获得较满意的效果。这种情况下的排液特征如图 3-1-10 所示。

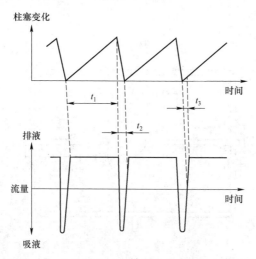

图 3-1-10　单柱塞泵柱塞变位与流量特征曲线

（2）串联式双柱塞泵结构如图 3-1-11 所示。泵 2 的入口接在泵 1 的出口，由泵 2 的出口输出流动相。泵 1 带单向阀，用于吸流动相，并向泵 2 排出流动相。泵 2 不带单向阀，用作缓冲流动相的输出。泵 1 和泵 2 的体积比为 2：1 泵 1 输出流动相时，泵 2 的泵腔吸入流动相的一畔，另一半通过泵 2 输出到色谱柱。泵 1 吸入流动相时，泵 2 进一步将泵腔中贮存的一半流动相输出到色谱柱，以减少输出时的信号脉动。

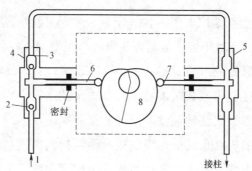

1—溶剂入口；2、3—单向阀；4—泵 1；5—泵 2；6—活塞 I；7—活塞 2；8—凸轮

图 3-1-11　串联式双柱塞泵结构图

（3）并联式双柱塞泵结构如图 3-1-12 所示。采用两个相位相差 180°的凸轮分别推动两个柱塞，柱塞 A 吸入流动相时，柱塞 B 输出流动相到色谱柱；反之，柱塞 A 输出流动相到色谱柱时，柱塞 B 吸入流动相，这样可减少输出脉动。输液特性如图 3-1-13 所示。

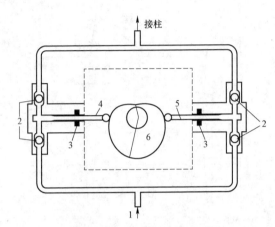

1—溶剂入口；2—单向阀；3—密封；4—活塞 A；5—活塞 B；6—凸轮

图 3-1-12　并联式双柱塞泵结构图

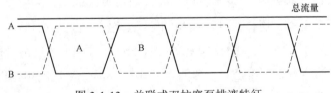

图 3-1-13　并联式双柱塞泵排液特征

（4）双柱塞补偿泵结构如图 3-1-14 所示。主、副泵腔容积比为 2：1，当主泵头排液时，50%的流动相溶剂被副泵头吸入，另 50%输入柱系统；当主泵头吸液时，副泵头将原先吸入的 50%液体供给柱系统，其排液特征如图 3-1-15 所示。这种结构又叫往复串联式泵，它比并联式泵的结构少用两组单向阀。由于单向阀的玷污往往是泵恒流输液性能下降的主要原因，因此一台泵所用的单向阀越少，发生故障的机会也越少。串联式补偿结构的高压泵流量精度高，压力波动小，更换溶剂方便，易于清洗，很适合于梯度洗脱。全自动高效液相色谱仪即采用这种结构的泵。

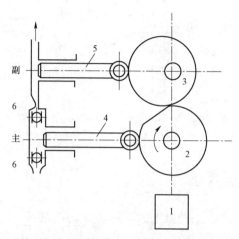

1—电机；2—主凸轮；3—副凸轮；4—主活塞；5—副活塞；6—排、吸液单向阀

图 3-1-14　双柱塞补偿式恒流泵结构图

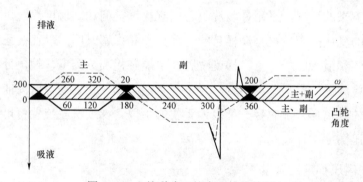

图 3-1-15　并联式双柱塞泵排液特征

（5）双柱塞正压吸入式恒流泵（双柱塞双步泵）结构如图 3-1-16 所示。这种泵与上述各种泵的区别在于其吸液过程在正压下进行，从而避免了负压吸液吸入空气的可能性。为减少泵的死体积，泵腔一般很小，多在 10～100 μL，柱塞往复频率高，因此对密封环耐磨性、单向阀的刚性和精度要求很高。密封环常用聚四氟乙烯-石墨制成，单向阀球、座和柱塞则用人造红宝石材料制作。在维修往复式柱塞泵时应特别小心，严防固体颗粒进入泵体，以免划伤密封环、阀球、座和柱塞。使用过程中要避免悬浮杂质进入泵体，在使用含盐的缓冲液时要避免盐颗粒在泵中析出，否则将大大缩短泵寿命。

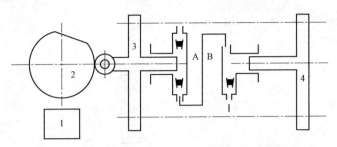

1—电机；2—凸轮；3—高压柱塞；4—低压柱塞

图 3-1-16　双柱塞正压吸入式泵结构示意图

## 三、梯度洗脱装置

梯度洗脱是将 2 种或 2 种以上的不同极性的溶剂按一定程序连续改变组成流过色谱柱，以达到提高分离效率缩短分离时间的目的[①]。色谱分离要求在尽量短的时间内获得足够的分辨率，此外，在分离保留值范围较宽的复杂混合物时，随保留值增大，谱带变宽，使峰的检测发生困难，甚至会发生保留值太大，样品洗脱不下来的情况，采用梯度洗脱可以解决这类问题。梯度洗脱可以通过流动相极性的变化来调整被分离样品的选择因子和保留时间，以使柱系统具有最好的选择性和最大的峰容量。梯度洗脱技术能够提高分离度，缩短分析时间，降低最小检测量并提高分析精度。对于复杂混合物，特别是保留性能相差较大的混合物的分离梯度洗脱是一种极为重要的手段。梯度洗脱装置可以分为高压梯度和低压梯度两种模式。

### （一）高压梯度装置

高压梯度又称内梯度，是采用多个高压泵将不同的流动相增压后送入梯度混合室混合，然后再送入色谱柱的方法，原理如图 3-1-17 所示。

一般流动相中有几种变化组分（即几元梯度）即需要几台高压输液泵，如二元梯度洗脱，需两台高压输液泵；三元梯度洗脱，需三台高压输液泵。每一台高压输液泵输出量可分别用程序控制器控制，按设定的程序将不同量的各组分输送到混合室混合，产生任意形式的梯度洗脱曲线。混合器的设计极为重要，各组分在高压下混合，混合器体积应尽量小、混合效率高，以保证得到重复性

① 马红燕，齐广才. 现代分析测试技术与实验［M］. 西安：陕西科学技术出版社，2012.

好、滞后时间短的梯度洗脱曲线。此外，混合器也应便于清洗，滞后时间由泵、混合器和输液管道的死体积决定。

高压梯度可获得任意形式的梯度洗脱曲线，精度高，易于实现控制的自动化。不同组分的流动相在高压下混合，不易产生气泡，对流动相的脱气要求较低。但高压梯度需使用多台高压输液泵，成本较高。

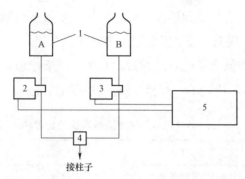

1—溶剂贮罐；2—高压泵1；3—高压泵2；4—小体积混合室；5—梯度编程器和控制器

图 3-1-17　二元高压梯度洗脱装置示意图

## （二）低压梯度装置

低压梯度又称为外梯度，是在常压下将流动相的不同组分混合后再用高压输液泵送入色谱柱的方法，原理如图 3-1-18 所示。利用一个可变程序控制器操作电磁比例阀控制不同溶剂的流量变化，溶剂按不同比例输送到混合室混合，然后用一台高压输液泵将混合好的流动相输送到色谱柱。

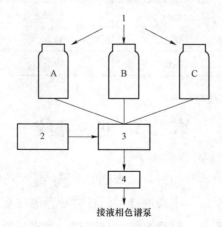

1—溶剂贮罐；2—程序器；3—电磁比例阀；4—混合室

图 3-1-18　多元低压梯度洗脱装置示意图

低压梯度装置同样要求泵和混合室的死体积尽量小，使梯度变化更接近于连续变化（低压梯度变化呈台阶式，当每一个台阶很小时，可接近连续变化）。低压梯度装置一般比高压梯度装置适用性强，采用一台高压输液泵，结合电磁比例阀就可以完成多元梯度洗脱操作，成本大大降低。此外，在流动相被加压输入到色谱柱前，不同流动相组分混合产生的体积变化已完成，可避免高压梯度装置中流动相体积变化引起的流量变化。采用低压梯度装置时，各流动相组分混合前、后需进行脱气，否则混合过程中产生的气泡将使仪器无法正常工作；采用串联式柱塞泵作低压梯度时，对流动相的脱气要求较低，甚至可不脱气使用。如表 3-1-2 所示，比较了各种梯度洗脱系统的特征。

表 3-1-2　不同梯度洗脱系统的比较

| 特性 | 二元高压梯度 | 二元低压梯度 | 多元低压梯度 |
|---|---|---|---|
| 可能洗脱范围 | 较广 | 较广 | 广 |
| 梯度的重现性 | 较好 | 好 | 较好 |
| 成本 | 较高 | 低 | 低 |
| 改变流动相 | 较容易 | 容易 | 较容易 |
| 机械性能 | 较简单、较可靠 | 简单、可靠 | 较简单、较可靠 |
| 自动化难易程度 | 容易 | 容易 | 较容易 |
| 对溶解气体敏感性 | 较敏感 | 敏感 | 敏感 |
| 梯度准确性 | 较准确 | 准确 | 较准确 |
| 不同溶剂混合能力 | 较强 | 较强 | 强 |
| 对操作者依赖性 | 较大 | 较大 | 较大 |
| 方便性 | 方便 | 方便 | 较方便 |

# 第二节　进样系统

进样系统是将待分析样品引入色谱柱的装置，液相色谱进样装置需满足重复性好、死体积小、保证柱中心进样、进样时对色谱柱系统流量波动要小、便于实现自动化等多项要求。进样系统包括取样、进样两种功能，实现这两个功能又有手动和自动两种方式。

## 一、注射器进样装置

注射器进样装置适用于较低的进柱压力，当进柱压力低于 10 MPa 时可用微量注射器进样，注射器进样装置如图 3-2-1 所示。进样口隔膜材料必须是耐溶剂的化学侵蚀，有一定的机械强度和耐穿刺性。目前常用硅橡胶作为隔膜材料，但其不适用于烷烃。氟橡胶可用于烷烃，但不能用于丙酮和甲醇，采用硅橡胶表面黏复聚四氟乙烯或亚硝基氟橡胶、羧基氟橡胶作为隔膜材料能适用于各种溶剂。注射器进样，进样量可随意调整，但不适合制备色谱及痕量分析。

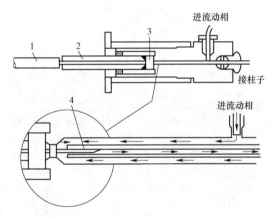

1—注射器；2—隔膜缓冲器；3—隔膜；4—注射针头

图 3-2-1 注射器进样装置

柱头压力大于 10 MPa 时，需采用停流注射法进样以避免反压，即先使流动相停止流动（打开泄流阀或关泵），压力降到足够低时再用注射器穿刺进样。这种进样方法不会影响柱效，但无法取得精确的保留时间，峰形重复性也较差，进样量的重复性与进样技术有关。为防止压力泄漏，可采用双层隔膜和双隔板进样口，如图 3-2-2 所示。

注射器进样装置的注射口有柱上注射口和冲扫注射口两种主要形式，这两种形式都可进行停流注射进样和流动注射进样。柱上注射口可以使

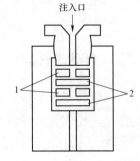

1—不锈钢隔板；2—橡胶隔膜

图 3-2-2 双隔膜高压进样口

样品直接注射到柱填充物上,采用冲扫注射口,样品被流动相冲扫到色谱柱上。为使样品进柱前扩散减少到最低程度,必须尽量减少死体积,因此冲扫注射口进样量不宜过大,注射器进样需防止针刺次数太多而使隔膜材料掉下的碎渣阻塞色谱柱。

## 二、阀进样装置

阀进样装置适用于高压进样,结构如图 3-2-3 所示,阀进样装置由高压六通阀和固定体积的定量管组成。阀体用不锈钢制成,内壁精密加工,旋转密封部分由既耐磨又具有良好的密封性能的铝合金陶瓷材料或聚四氟乙烯制作,进样量大小可通过选择不同体积($1 \sim 10^3$ μL)定量管来改变。

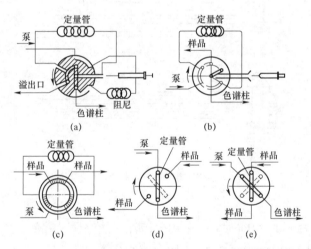

(a)、(b)—注射器和定量管两用阀;(c)—普通进样阀;(d)、(e)—数量进样阀

图 3-2-3  各种减压阀结构示意图

## 三、自动进样器

自动进样器在程序控制器或微机控制下可自动完成取样、进样、清洗等一系列操作,操作者只需将样品按顺序装入贮样装置即可。

如图 3-2-4～图 3-2-6 所示,为几种典型自动进样装置结构示意图。表 3-2-1 为不同自动进样器的工作步骤,表 3-2-2 对不同类型进样装置的特征作了简单总结。

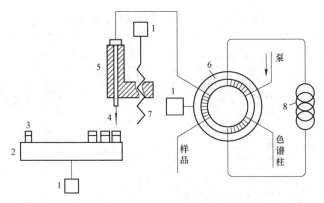

1—电机；2—贮样圆盘；3—样品瓶；4—取样针；5—滑块；6—进样阀；7—丝杆；8—定体积量管

图 3-2-4　圆盘式自动进样装置结构示意图

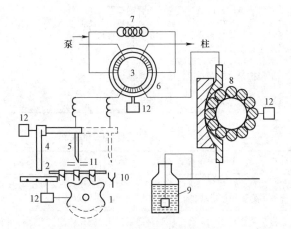

1—链轮；2—样品链；3—样品瓶；4—转角机构；5—取样针；

6—进样阀；7—定体积量管；8—蠕动泵；9—清洗液瓶；

10—排废液口；11—取样针定位；12—电机

图 3-2-5　链式自动进样装置结构示意图

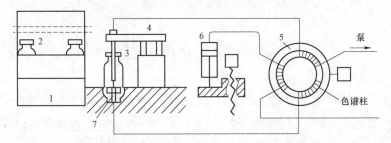

1—坐标式贮样盘；2—样品瓶；3—取样针；4—取样针升降机；

5—方式切换阀；6—吸样泵；7—取样针插入口

图 3-2-6　坐标式自动进样装置结构示意图

61

**表 3-2-1  不同自动进样器的工作步骤**

| 自动进样器 | 工作步骤 |
|---|---|
| 圆盘式自动进样器 | （1）电机带动贮样盘旋转，将待分析样品置于取样针下方<br>（2）电机正转丝杆带动滑块向下移，把取样针插入样品瓶塑料盖，滑块继续下移，将瓶盖推入瓶内，在瓶盖挤压下样品经管道注入进样阀定量管，完成取样动作<br>（3）进样阀切换，完成进样<br>（4）电机反转，丝杆带动滑块上移，取样针恢复原位 |
| 坐标式自动进样器 | （1）取样针升起<br>（2）微机控制坐标，贮样盘将待分析样品瓶置于取样针下<br>（3）取样针下降，插入样品瓶内<br>（4）自动吸样泵开启，取样量由微机控制<br>（5）取样针下降插入取样插入口<br>（6）方式阀切换，由流动相将样品载入色谱柱系统<br>（7）吸样泵复位，方式阀复位 |
| 链式自动进样器 | （1）链轮拨动样品链，将待分析样品瓶置于取样针下<br>（2）转角机构由虚线位置转到实线位置，并下降插入样品瓶内<br>（3）蠕动泵正转将样品吸入定量管，完成取样动作<br>（4）进样切换，完成进样<br>（5）转角机构退回虚线位置<br>（6）蠕动泵反转输入清洗液，清洗取样系统<br>（7）进样阀复原<br>（8）蠕动泵正转吸入空气，干燥取样管路 |

**表 3-2-2  不同类型进样装置的特征**

| 进样装置 | 优点 | 缺点 |
|---|---|---|
| 注射器进样装置 | 结构简单，造价低，操作方便，进样量可变，不易引起色谱峰扩展，柱效高 | 进样量小，操作压力不能过高，重复性差，难以自动化 |
| 阀进样装置 | 进样量可变范围大，分析和制备通用；进样重复性好，可直接在高压下不需停流把样品送入色谱柱，如装上电动或气动驱动装置可实现自动化 | 阀死体积较大，易引起谱峰展宽，柱效比注射器进样下降约 10%；为使阀的高压密封性能好，制造工艺要求高，故价格较高，维修较复杂 |
| 自动进样装置 | 智能化进样，准确、可靠 | 价格较高，维修复杂 |

# 第三节  分离系统

分离系统也就是色谱柱分离系统。色谱是一种分离分析手段，担负分离作用的色谱柱是色谱仪的心脏，柱效高、选择性好、分析速度快是对色谱柱的一般要求。商品化 HPLC 微粒填料，如硅胶，以及硅胶为基质的键合相、氧化铝、有机聚合物微球（包括离子交换树脂）的粒度通常为 3 μm、5 μm、7 μm 及 10 μm，其填充柱效的理论值可达到 50 000～160 000 块·$m^{-1}$ 理论塔板数。5 000 块·$m^{-1}$

理论塔板数的柱效的色谱柱即可满足分析一般样品的要求，对于同系物分析，通常只要 500 块·$m^{-1}$ 塔片数。较难分离物质可能需高达 20 000 块·$m^{-1}$ 理论塔板数柱效的柱子，因此采用 100～300 mm 左右的柱长就能满足复杂混合物分析的需要。由于柱效受柱内外多种因素的影响，为使色谱柱达到其应有的效率，除尽量减小系统的死体积外，设计合理的柱结构及柱装填方法是十分必要的。

## 一、液相色谱柱的类型和结构

液相色谱柱根据柱径大小可分为三种类型，内径小于 2 mm 的称为细管径或微管径柱；内径在 2～5 mm 的是常规液相色谱柱，内径大于 5 mm 的称为半制备柱或制备柱。细管径柱的主要优点是节省溶剂，并使灵敏度提高。内径为 1 mm、2 mm 和 5 mm 的三种色谱柱，当保持相同的洗脱剂线速度时，溶剂消耗量比例为 1∶4∶25。细管径柱中洗脱剂流量小，体积峰宽随之减小，减小了对样品的稀释，有利于提高峰高灵敏度。另一方面，细管径柱柱体积小，柱外效应的影响不容忽视，需要配备更小池体积的检测器、柱接头、连接部件、进样设备和小流量泵。目前 2.1 mm 和 0.5 mm 内径的细管径柱已商品化，大于 5 mm 的粗柱子主要用于制备。为了在足够短的时间内加大进样量，一般使用柱头大面积进样，而不是常规柱的"点进样"方法。

色谱柱的结构如图 3-3-1 所示。柱体由柱管、柱管末端接头卡套和过滤筛板等组成。接头与压帽按一定角度配合，使密封环卡住柱管，避免漏液。接口要求与管道成流线型平整对接，没有死角，死体积小。

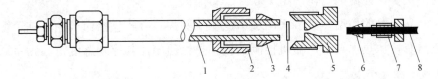

1—柱管；2—压帽；3、6—卡套；4—筛板；5—接口；7—螺丝；8—输液管

图 3-3-1　柱结构示意图

多孔筛板的作用是一方面防止填料从柱中漏入检测器，另一方面阻止不溶性颗粒杂质进入色谱柱内。筛板一般采用耐化学腐蚀的烧结不锈钢或烧结镍材质制成，在柱压不高时，也可使用多孔聚四氟乙烯薄膜筛板。色谱柱中采用的

筛板孔径应小于填料颗粒直径，一般孔径在 0.2～20 µm 范围。

用于色谱柱的连接管和柱接头，除能耐化学腐蚀和密封性好之外，死体积应尽可能小，一般均选用窄心管（内径在 0.13 mm 左右）。这种管除可用作柱出口至检测器的连接管外，还可用于色谱柱之间的连接。

## 二、色谱柱的选择

在日常分析中，采用微粒高效固定相，100 mm 长柱子即可满足一般分离分析的要求。采用 3 µm 填料时，30 mm 长即可。采用 3 µm 高效固定相，尽管其柱效率高，但柱压降也大，因此，采用 5 µm 或 10 µm 粒度的载体更佳。对于难分离样品，柱长可增加到 250 mm，如再增加柱长，虽然柱效高，但柱前压力太大，不利于操作，只在特殊情况下才采用。

常用分析柱的内径为 4.6 mm。随着柱技术的发展，细内径柱越来越受到人们的重视，只要将柱外效应减至最小，细内径柱也可获得与粗柱基本相同的柱效，而溶剂消耗量却大为下降。目前，已有 1 mm 甚至更细内径的高效填充柱商品出售，特别在与质谱联用时，为减少溶剂用量，常采用内径为 0.5 mm 以下的毛细管柱。

## 三、柱控温装置

柱温是影响色谱分离效率的因素之一，一般的情况下，提高柱温可以降低流动相中的溶解度，减小溶质的保留值。常用的柱温控制范围为室内温度至 65 ℃，多数的样品分析是在室温条件下进行。恒定的柱温对于提高保留值的重现性很重要，柱温的变化应小于 0.2 ℃。

商品仪器的控温装置多采用柱恒温箱，其加热方式包括空气循环柱箱恒温和色谱套柱加热加温。用微机控制的柱加热恒温箱，其控制温度范围为室温至 150 ℃，控温精度为 ±0.1 ℃。

## 四、保护柱

保护柱是连接在进样器和色谱柱之间的短柱，一般柱长为 30～50 mm。柱内装有填料和孔径为 0.2 µm 的过滤片，保护柱可以防止来自流动相和样品中的不溶性微粒对色谱柱发生的堵塞现象，起到保护色谱柱的作用。另外，对于硅胶柱和键合柱它可以避免硅胶和键合相的流失，起到提高色谱柱的使用寿命和不使柱效下降的作用。保护柱填料的种类要选择和分析柱性能相同或相近的，在使用一段时间发现污染时可以更换填料。由于保护柱具备造价低，使用方便，装填容易等特点，在常规分析工作中多被采用。保护柱的缺点在于增加峰的保留时间，而且会降低保留值较小组分的分离效率。

## 五、色谱柱的装填

填装色谱柱前，应依次用丙酮、苯、异丙醇和二次蒸馏水清洗柱、滤片、接头和连接管，用经清洁的空气或氮气吹干后备用。对于有油污的不锈钢管应首先清除油污，然后浸入体积比为 28：4：8：60 的 $H_2SO_4$-$HNO_3$-$HCl$-$H_2O$ 抛光液中处理约 1 min 后取出清洗。如表面有黑膜，可用（70～80）% $HNO_3$ 溶液去除，再按上述方法清洗柱子。

根据填料粒度的大小，高效液相色谱柱的装填可分为干法和湿法装填两种方法。

### （一）干法装柱

对于直径大于 20 μm 的填料，一般采用经典的干法填充技术。先将已清洗干净的柱管一端加滤板后连接在接头上，另一端接小漏斗（见图 3-3-2）。装柱时，分批分次加入（100～200）mg 填料，用抽气泵通过柱出口抽吸。柱初步装好后在地板或桌面上垂直夯击（2～3）次，如出现填料沉降，重复上述操作直至柱充满。

将装填好的柱子与输液泵出口相连。在高于使用压力下输入流动相驱除填料中的空气，继续输液半小时，检查固定相装填是否达到最大密度。正常情况下，柱内填料应该不下沉，不呈现空隙。对低压柱，卸下后两端分别装填一小块硅烷化石英棉或聚四氟乙烯棉，堵住封口备用。对耐高压柱，用多孔不锈钢滤板堵塞柱子两端并密封备用，干法装柱的柱效在 500～5 000 块·$m^{-1}$。

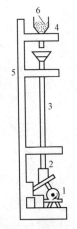

1—电动机；2—振动器；3—色谱柱；
4—贮槽；5—支架；6—固定相
图 3-3-2　干法装柱装置

**（二）湿法装柱**

目前高效液相色谱采用的填料粒度多在 3～10 μm 范围内（3 μm、4 μm、5 μm、7 μm、10 μm），这类微粒填料由于其表面活性很强，容易结团，干法装柱无法使填料填充紧密，必须采用湿法装柱技术。

湿法装柱常用两种方法，即等密度匀浆法和非等密度匀浆法。

1. 等密度匀浆法

等密度匀浆法装柱装置如图 3-3-3 所示。

此法通常选择两种溶剂，一种大于填料密度，另一种小于填料密度，通过适当的配比，制成与填料密度相同的混合溶剂，使填料悬浮在混合溶剂中，形成均匀的浆液。以装填微粒硅胶为例，可以采用四溴乙烷（密度 2.96 g·cm$^{-3}$，有毒，具有化学不稳定性）与四氯乙烯（密度 1.62 g·cm$^{-3}$）以质量比 60.6：39.4 混合，制成与硅胶密度相近（2.5 g·cm$^{-3}$）的混合溶剂。这种溶剂能够使硅胶颗粒在 30 s 内无沉降现象，与硅胶形成高度分散的匀浆体系，也可以采用四氯化碳加二氧六环溶剂来制备匀浆。

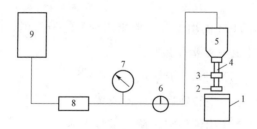

1—柱；2—烧杯；3—接头；4—过滤柱；5—均浆贮液器；
6—三通阀；7—压力表；8—泵；9—溶剂贮存器
图 3-3-3 等密度匀浆法装柱流程图

填料聚集作用的快慢与粒度大小有关，在其他条件相同时，相对聚集速度与颗粒度的关系为：以颗粒直径 5 μm 为 1，则 10 μm 为 4，20 μm 为 16.7，30 μm 为 33.3，40 μm 为 62.5，50 μm 为 100。也就是说，10 μm 粒径颗粒的聚集速度是 5 μm 颗粒的聚集速度的 4 倍，20 μm 粒径颗粒的则为 5 μm 粒径颗粒的 16.7 倍。因此，填料颗粒度越大，其匀浆的聚集速度越高，用匀浆法装填也就越难得到均匀一致的床层。

将制好的匀浆液超声脱气后加入匀浆贮液槽内，盖好槽盖，然后将泵、容器和柱子连接好,关闭三通阀,开泵升压至 34.3 MPa。打开三通阀,使匀浆液迅速压入柱内,然后将柱子入口处安装好,并通入合适的溶剂进行冲洗。当压力下降至 9.8~19.6 MPa 时,说明匀浆液已被顶替液置换,柱子装填完毕。为了防止色谱柱内固定相产生反弹回松现象,应当在此压力下维持一段时间,然后,慢慢减小泵压,直至停泵。

各种填料使用的顶替液不同:硅胶用脱水正己烷,正相键合相用己烷,反相键合相用甲醇,离子交换树脂可使用丙酮。溶剂密度和黏度、匀浆浓度(通常用 0.1 g·mL$^{-1}$)以及匀浆液进入柱中的速度和压力都会影响匀浆的装填效果。此外,四溴乙烷分解出的溴在硅胶表面的吸附作用,也会对柱效产生影响。

2. 非等密度匀浆法

非等密度匀浆法一般采用二氧六环和四氯化碳作溶剂。1 g 填料加二氧六环 3 mL、四氯化碳 6 mL,用类似于等密度匀浆的制备和装柱方法进行操作,所不同的是在匀浆上部加一定量水后再加压装柱。25 cm 柱所需填料的量如表 3-3-1 所示。

表 3-3-1　25 cm 柱所需填料的量

| 柱内径/mm | 填料量/g | | |
|---|---|---|---|
| | 薄壳型填料 | 全孔型填料 | 多孔氧化铝填料 |
| 2.1 | 1.4 | 0.5 | 0.9 |
| 3.1 | 3.1 | 1.0 | 1.8 |
| 4.0 | 5.1 | 1.7 | 3.1 |
| 7.8 | 19.3 | 6.3 | 11.5 |

## 六、色谱柱的评价

色谱柱的性能必须按一定的指标进行评价。一个合格的色谱柱评价报告应给出柱长度、内径、填料的种类与粒度、色谱柱的柱效、不对称度和柱压降等基本参数。评价液相色谱柱的仪器系统包括进样阀、连接管和检测器等,其死体积应尽可能小。在合理的操作条件下,评价色谱柱的样品可以完全分离并有适当的保留时间。如表 3-3-2 所示,列出了评价各种常用色谱柱的样品及其操作条件,当然也可以用其他适当的样品及条件来评价高效液相色谱柱。

表 3-3-2　评价常用色谱柱的样品及其操作条件

| 柱 | 样品 | 流动相（体积比） | 进样量/μg | 检测器 |
|---|---|---|---|---|
| 烷基键合相柱（$C_8$、$C_{18}$） | 苯、萘、联苯、菲 | 甲醇-水（83/17） | 10 | UV254 nm |
| 苯基键合相柱 | 苯、萘、联苯、菲 | 甲醇-水（57/43） | 10 | UV254 nm |
| 氰基键合相柱 | 三苯甲醇、苯乙醇、苄甲醇 | 正庚烷-异丙醇（93/7） | 10 | UV254 nm |
| 氨基键合相柱（极性固定相） | 苯、萘、联苯、菲 | 正庚烷-异丙醇（93/7） | 10 | UV254 nm |
| 氨基键合相柱（弱阴离子交换剂） | 核糖、鼠李糖、木糖、果糖、葡萄糖 | 水-乙腈（98.5/1.5） | 10 | 示差折光检测 |
| $SO_3H$ 键合相柱（强阳离子交换剂） | 阿司匹林、咖啡因、非那西汀 | 0.05 mol·$L^{-1}$ 甲酸胺-乙醇（90/10） | 10 | UV254 nm |
| $R_4NCl$ 键合相柱（强阴离子交换剂） | 尿苷、胞苷、脱氧胸腺苷、腺苷、脱氧腺苷 | 0.1 mol·$L^{-1}$ 硼酸盐溶液（加 KCl）（pH 为 9.2） | 10 | UV254 nm |
| 硅胶柱 | 苯、萘、联苯、菲 | 正己烷 | 10 | UV254 nm |

# 第四节　检测器

检测器、泵与色谱柱是组成 HPLC 的三大关键部件。经色谱柱分离后的样品组分与流动相一起进入检测器，检测器将样品的物理或化学特性信息转换为易测量的电信号输入到记录仪，并记录下来，得到样品组分分离的色谱图。由谱峰的位置、形状和大小可以判断分离的优劣，同时进行定性、定量分析。

## 一、HPLC 检测器的特性

HPLC 中流动相和样品组分的物理和化学性质往往十分近似，因此一般不能使用气相色谱（GC）常用的氢火焰离子化检测器（FID）等高灵敏检测器（GC 中载气和样品组分的物理和化学性质有显著差异，FID 很容易检测载气中低浓度样品组分，而在 HPLC 中如使用 FID，必须预先将流动相除去）。HPLC 中只能以不受流动相干扰的样品组分物理和化学性质作为检测目标，如流动相没有紫外吸收，而被测组分有紫外吸收，可用紫外检测器。目前 HPLC 还缺少能广泛使用的通用型检测器，灵敏度高的检测器相对更少，理想的 HPLC 检测器应具有以下特性。

（1）具有高灵敏度和可预测的响应；

（2）对样品所有组分都有响应，或具有可预测的特异性，适用范围广；

（3）温度和流动相流速的变化对响应没有影响；

（4）响应与流动相组成无关，可作梯度洗脱；

（5）死体积小，不造成柱外谱带扩展；

（6）使用方便、可靠、耐用，易清洗和检修；

（7）响应值随样品组分量的增加而线性增加，线性范围宽；

（8）不破坏样品组分；

（9）能对被检测的峰提供定性和定量信息；

（10）响应时间足够快。

很难找到全部满足上述全部要求的 HPLC 检测器，但可以根据不同的分离目的对这些要求予以取舍，选择较为合适的检测器。

## 二、HPLC 检测器的分类

HPLC 所用检测器一般分为两类，通用型检测器和专用型检测器。

### （一）通用型检测器

通用型检测器可连续测量色谱柱流出物（包括流动相和样品组分）的全部特性变化，通常采用差分测量法。这类检测器包括示差折光检测器、介电常数检测器、电导检测器和近年发展的磁光旋转检测器等。通用型检测器适用范围广，但由于对流动相有响应，因此易受温度变化、流动相流速和组成变化的影响，噪声和漂移都较大，灵敏度较低，不能用于梯度洗脱。

### （二）专用型检测器

专用型检测器用以测量被分离样品组分某种特性的变化。这类检测器对样品中组分的某种物理或化学性质敏感，而这一性质是流动相所不具备的，或至少在操作条件下不显示。这类检测器包括紫外检测器、荧光检测器、极谱检测器、放射性检测器等。

## 三、HPLC 检测器的性能指标

评价不同类型检测器，除各自的特征指标外还有一些共同的性能指标。

**（一）噪声和漂移**

噪声是指由检测器输出与被测样品组分无关的无规则波动信号，在特定灵敏度下用响应单位表示，可分为高频噪声和短周期噪声两种。前者俗称"毛刺"，由比色谱峰出现频率高得多的基线无规则变动构成。一般说来高频噪声并不影响色谱峰的分辨，但可以影响检出限。这种噪声通常来自仪器的电子系统，因此关泵、流动相停止流动时仍然存在。高频噪声可用适当的滤波系统加以消除。短周期噪声由与色谱峰出现频率相似的基线无规变动构成，它与色谱峰很相似，因此难以分辨，特别是对小色谱峰影响更大。短周期噪声通常是由环境温度波动、流动相流速波动、流动相中的气泡，以及流动相不纯所致。短周期噪声是与流动相有关的噪声，在关泵后随之消失。如噪声与流动相无关，需要再去寻找原因加以消除。

漂移是指基线随时间的增加朝单一方向（向上或向下）的偏离，由比色谱峰出现的频率低得多的基线无规则变动构成。造成漂移原因有检测器预热时间不够、环境温度或流动相流速的缓慢变化、柱中固定相流失、刚更换的新流动相在柱中尚未达到平衡等多种。检测器产生的漂移一般用一段时间内（一般为几个小时）检测器响应值的变化表示，通常用停流和不停流各走 30 min 的基线来评价一个检测器产生的噪声及漂移的强弱。

**（二）灵敏度**

灵敏度也称响应值，是一定量物质通过检测器时所产生响应值的大小。检测器对样品检测的灵敏度是衡量检测器质量的一个重要指标，以进入检测器的样品量（$m$）对检测器产生的响应值（$R$）作图，得到如图 3-4-1 所示的响应值曲线。曲线直线部分的斜率就是检测器的灵敏度（$S$），对浓度型检测器（HPLC 检测器绝大多数为浓度型）而言，$\Delta m$ 以浓度（$g \cdot mL^{-1}$）为单位，而 $\Delta R$ 的单位则视不同检测器而异。同一检测器对不同样品的检测灵敏度一般不同，即响应值曲线的斜率不同，斜率越大，灵敏度越高。因此，在说明检测器灵敏度时应注

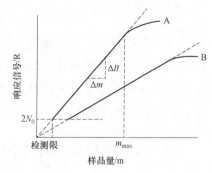

图 3-4-1　检测器响应值曲线

明测试条件（样品名称、流动相组成及流速等）。

### （三）检测限

检测限是指在噪声背景上恰能产生可辨认样品峰时的最低样品量。一般定义为可辨认样品峰信号 2 倍于噪声信号时的样品量，检测器的检测限与整个仪器噪声水平有关，可在检测器的响应值曲线中表示出来。检测限（$D$）与噪声（$N_0$）和灵敏度的关系为：

$$D = 2N_0/S$$

检测限是检测器的一个重要特性指标，但检测限不只与检测器有关，而是与整个仪器系统都有关。如减小色谱柱尺寸（柱长、内径）和柱外死体积（样品池、进样器、连接管等）都可降低检测限。此外，检测限与仪器操作条件也有关，电压不稳定、流动相有气泡产生、仪器被玷污、环境温度波动等与噪声有关的因素都将影响检测限。

### （四）线性范围

线性范围是指检测器的响应值与样品量之间保持线性关系的样品量范围，以呈线性响应时样品量的上下限比值表示。线性范围的下限即为该仪器的检测限。当样品量大于某值时，响应值曲线开始向下弯曲，此时的样品量为最大进样量。超过最大进样量，检测器的响应值不再随样品量的增加而线性增加。只有在线性范围内，用检测器响应值进行样品的定量分析才方便可靠，因此检测器的线性范围应尽可能大，以便可以同时测定大量和痕量的样品组分。

### （五）死体积

检测器的死体积也是一个重要的检测器性能参数。死体积过大，将使谐峰变宽，检测器的灵敏度和分辨率降低。检测器死体积由样品池体积和样品池到色谱柱的联结管路体积组成。在满足检测要求的前提下，尽可能减小死体积。因此，检测器设计要使连接管路尽可能短。样品池的大小决定于检测器，样品池太小会降低灵敏度。当样品池体积小于有关峰体积的十分之一时，检测器形成的峰扩展将不明显。一般 HPLC 检测器所用的样品池体积都小于 8 μL。

### （六）响应时间

检测器响应时间是指检测器跟踪被分离样品组分浓度变化的快慢程度。响应时间过长，即响应过慢，会使色谱峰变形失真，记录的谱峰比真实的谱峰显著加宽，峰高也比真实的峰高更低，类似于柱效降低，影响到色谱分析的可靠性和准确性，这种情况在进行快速分析时尤为突出。响应时间过快，高频噪声影响严重。研究表明检测器时间常数最大不应超过色谱峰标准偏差的三分之一。目前使用的检测器和记录仪（其时间常数对记录谱峰的影响与检测器相同）的时间常数一般在（0.5～1）s 范围内。

## 四、常用的 HPLC 检测器

### （一）紫外吸收检测器（UV）

紫外吸收检测器是目前 HPLC 中应用最广泛的检测器。这种检测器灵敏度高，线性范围宽，对流速和温度变化不敏感，可用于梯度洗脱分离。紫外吸收检测器要求被检测样品组分有紫外吸收，而使用的流动相无紫外吸收或紫外吸收波长与被测组分紫外吸收波长不同，在被测组分紫外吸收波长处没有吸收。

紫外吸收检测器工作原理基于朗伯-比耳定律为：

$$A = \lg(I_0/I) = \varepsilon_{bc}$$

式中：

$A$ 为吸光度（消光值）；

$I_0$ 为入射光强；

$I$ 为透射光强；

$\varepsilon$ 为样品的摩尔吸光度（吸光系数）；

$b$ 为光程长；

$c$ 为样品的物质的量浓度。

一般选择在预分析物有最大吸收的波长下进行工作，以获得最大的灵敏度和抗干扰能力。测定波长的选择取决于待测溶质的成分和分子结构，分子中光吸收性强的基团叫发色基团，它与分子的外层电子或价电子有关。

在选择测定波长时，必须考虑到所使用的流动相组成，因为各种溶剂都有一定的透过波长下限值，超过这个波长，溶剂的吸收会变得很强，以至于不能很好地测出待测物质的吸收强度。

## （二）光电二极管阵列检测器（PDA）

普通的紫外可见吸收检测器只能测定某一波长时吸光度与时间关系曲线，即只能作二维图谱。要测定某组分的紫外可见吸收光谱图，需采用"停流扫描"的方法，使被测组分停留在检测池中，然后用波长扫描测定。近年来发展的光电二极管阵列检测器能够同时测定吸光度、时间、波长三者的关系，通过计算机处理，可以在荧光屏上显示出三维图谱，也可作出任意波长的吸光度-时间曲线（色谱图）和任意时间的吸光度波长曲线（紫外可见光谱图）。

光电二极管阵列检测器光路，如图 3-4-2 所示。光源发出的光经过凹面镜（或透镜）聚焦在检测池上，光束通过检测池时被样品特征吸收，然后被光栅分光，形成按波长顺序分布的光谱带。光谱带再被聚焦在阵列式接收器上（一般由 512 个光电二极管排列组成，波长范围为 190～800 nm），阵列上每个光电二极管同时收到不同波长的光信号，并通过电子学的方法依次被快速扫描提取，储存到计算机中。扫描速度极快，每幅图像仅需 10 ms，远远超过色谱峰流出速度。

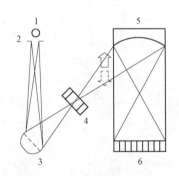

1—光源；2—狭缝；3—凹面镜；4—样品池；
5—光栅；6—光电二极管阵列
图 3-4-2　PAD 光路示意图

光电二极管阵列检测器与普通紫外可见光吸收检测器相比，光路安排上有重要区别。前者光源发出的光束先通过检测池被吸收后再被分光，后者光源发出的光束先被分光，然后选择一束特定波长的光束通过检测池。因此，前者很难制成双光束检测器，检测稳定性较差；后者可把通过检测池前的单色光分成两束，一束通过检测池，另一束作为参考，实现双光束检测，检测稳定性大大提高。

## （三）示差折光检测器（RID）

示差折光检测器也称光折射检测器，是一种通用型检测器。基于连续测定色谱柱流出物光折射率的变化而用于测定溶质浓度，溶液的光折射率是溶剂（流动相）和溶质各自的折射率乘以其物质的量浓度之和，溶有样品的流动相和流动相本身之间光折射率之差即表示样品在流动相中的浓度。原则上，凡是与流动相光折射率有差别的样品都可用它来测定，其检测限可达 $10^{-6}\sim10^{-7}\,g\cdot mL^{-1}$。

示差折光检测器按结构可分为反射式和偏转式两类。偏转式折光检测器测量范围较宽（$1.00\sim1.75$），池体积较大，一般只在制备色谱和凝胶渗透色谱中使用。通常的 HPLC 都使用反射式，因其池体积很小（一般为 $5\,\mu L$ 左右），可获得较高的灵敏度，图 3-4-3 是这种检测器的光路示意图。

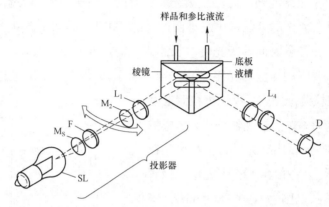

图 3-4-3　示差折光检测器的光路示意图

由光源 SL 发出的光经光缆 $M_1$，红外线滤光片 F、光缆 $M_2$ 及透镜 $L_1$ 后分成两束平行光，然后射到三角棱镜上。棱镜上装有样品池及参考池，它们的底面是经专门抛光的不锈钢镜面，池体的液槽是由夹在棱镜和不锈钢镜面之间的聚四氟乙烯垫片经挖空后形成的。透射光在界面上经反射回来后，再经透镜 $L_2$ 聚焦在光敏电阻 D 上，将光信号转变成电信号。光源装在一个可调的支架上，可调节入射角使之接近于临界角，获得最高的灵敏度。由于折射率对温度的变化非常敏感，大多数溶剂折射率的温度系数约为 $5\times10^{-4}$，因此检测器必须恒温，才能获得精确的结果。

### （四）蒸发光散射检测器（ELSD）

蒸发光散射检测器（ELSD）是近年新出现的高灵敏度、通用型检测器。自从 1985 年第一台商品化的 ELSD 问世以来，已有多家厂商可以提供该种检测器。ELSD 是一种质量型检测器，它可以用来检测任何不挥发性化合物，包括氨基酸、脂肪酸、糖类、表面活性剂等，尤其对于一些较难分析的样品，如磷脂、皂苷、生物碱、甾族化合物等无紫外吸收或紫外末端吸收的化合物更具有其他 HPLC 检测器无法比拟的优越性。此外，ELSD 对流动相的组成不敏感，可以用于梯度洗脱。ELSD 的检测灵敏度要高于低波长紫外检测器和示差折光检测器，检测限可低至 $10^{-10}$ g。另外，由于操作简便，可以与任何品牌的 HPLC 系统连接。

ELSD 由流出液雾化，溶剂蒸发，溶质检测三部分组成（见图 6-29）。色谱流出液在雾化器的入口端被吹入的气体（通常为空气或氮气）部分雾化，较大的液滴聚集下来流到下端的虹吸管中作为废液排出，而气溶胶进入到蒸发管中。

气溶胶通过蒸发管时，其中的溶剂被蒸发掉，剩余的样品溶质被送入检测池。由于 ELSD 需将溶剂（即流动相）蒸发掉，才能对样品溶质进行检测，所以要求色谱流出液中的溶剂是可蒸发的有机溶剂或水，而不允许含有无机酸、碱或盐。

在蒸发管末端，载气将样品溶质微粒带入检测池。检测池由一定角度的钨/卤灯（有的 ELSD 以激光作为光源）和光电倍增管组成，光源发出的光在样品微粒上发生散射后被光电倍增管检测，散射光强度与样品微粒质量的关系为：

$$I = km^b$$

式中：

$m$ 为微粒质量；

$k$、$b$ 为实验条件（如温度、流动相性质）决定的常数。

因此，可以根据散射光强度对样品进行定量分析。

ELSD 作为通用型检测器也存在着一些不足：（1）耗气量大（大约 500 mL·min$^{-1}$，相当于 1 钢瓶气体/24 h）；（2）对于某些样品（如磷脂）检测器，线性范围较窄，质量与峰面积有时不呈线性关系，常需要通过计算机模拟来校正响应，较为复杂；（3）若样品溶质为挥发性的，将会与溶剂一同蒸发，导致无法检测或响应极弱，往往需要通过降低蒸发温度才能准确定量。

### （五）荧光检测器

许多化合物，特别是芳香族化合物、生化物质，如有机胺、维生素、激素、酶等被入射的紫外光照射后，能吸收一定波长的光，使原子中的某些电子从基态中的最低振动能级跃迁到较高电子能态的某些振动能级。之后，由于电子在分子中的碰撞，消耗一定的能量而下降到第一电子激发态的最低振动能级，再跃迁回到基态中的某些不同振动能级，同时发射出比原来所吸收的光频率较低、波长较长的光，即荧光，被这些物质吸收的光称为激发光（$\lambda_{ex}$），产生的荧光称为发射光（$\lambda_{em}$），荧光的强度与入射光强度、量子效率、样品浓度成正比。

光源发出的光经半透镜分成两束后，分别通过吸收池和参比池，再经滤光片后，照射到光电倍增管上，变成可测量的信号，参比池有助于消除外界的影响和流动相所发射的本底荧光。一般采用氙灯作光源，以便获得宽波长范围（250～600 nm）的连续强光谱。若在半透镜前置一单色器分光，测量池后也采用单色器选择测定波长，这种结构即为荧光分光检测器。

某些物质虽然本身不发光，但含有适当的官能团可与荧光剂发生衍生反应，生成荧光衍生物，它们也可用荧光检测。衍生方法有两种，其一为柱前衍生化，此法较简单，但定量重复性较差；其二为柱后衍生化，此法重复性好，但会造成谱峰的扩展。在氨基酸和肽的分析中，经常采用荧光胺作为衍生化试剂，邻苯二甲醛、丹酰氯也是常用的衍生化试剂。

荧光检测器的最大优点是极高的灵敏度和良好的选择性。一般来说，它比紫外吸收检测器的灵敏度要高 10～1 000 倍，可达 $\mu g \cdot L^{-1}$ 级，而且它所需要的试样很小，因此在药物和生化分析中有着广泛的用途。

### （六）电导检测器

电导检测器是离子色谱中使用最广泛的检测器，其作用原理是用两个对电极测量水溶液中离子型溶质的电导，由电导的变化测定淋洗液中溶质浓度。这种检测器的死体积小，如采用抑制电导法，其灵敏度可达 $10^{-8}$ g·mL$^{-1}$，线性动态范围为 $10^3$。

将电解质溶液置于施加电场的两个电极间，溶液的电导值（电阻值 $R$ 的倒数）与电极截面积 $A_i$、两极间的距离 $l$ 和各离子电导的总和 $\sum c_i \lambda_i$ 之间有如下关系：

$$\frac{l}{R} = \frac{1}{1\,000} \frac{A_i}{l} \sum c_i \lambda_i$$

式中：

$c_i$ 为某一离子的物质的量浓度；

$\lambda_i$ 为该离子的摩尔电导。

离子的摩尔电导随溶液浓度的改变而变化。在无限稀释情况下，离子的摩尔电导达到最大值，称为极限摩尔电导。

电导测量中，$A_i/l$ 称为电导池常数 $K$。电导池常数为 1 时，测定出的电导值称为比电导率，其单位为 $\Omega \cdot cm^{-1}$，水溶液的电导值常用单位为 $m\Omega \cdot cm^{-1}$。比电导率仅与溶液中离子浓度有关，对于浓度在 $10^{-3}\ mol \cdot L^{-1}$ 以下的稀溶液，离子摩尔电导值接近极限摩尔电导值。

### （七）安培检测器

安培检测器采用固体工作电极，电极可用于较高的正电位，故能检测氧化性物质，适用范围很宽。安培检测器结构简单，池体积小，响应快，噪声低，灵敏度高。但是由于电极表面不能更新，容易污染。图 3-4-4 是典型的薄层式安培检测器结构图。

其中，工作电极一般是以碳糊、石墨或玻碳为基质，表面经过严格抛光制成的。碳糊电极在制备时要按一定比例掺入精制液体石蜡、润滑剂、矿物油或硅油等。参比电极一般为 Ag/AgCl 电极，辅助电极是用金或白金制成的。一般在工作电极和参比电极之间施加一恒定的电位，经色谱分离后的溶质通过一个很小体积的薄层池，当所加的电位比要分析溶质的氧化电位更正时（若使用还原剂则所加的电位比要分析溶质的还原电位更负），溶质就会在电极和溶液之间发生氧化（或还原）反应，这样在溶液和电极之间就会产生电子转移，从而形成电流。将这种很微弱的电流接收、放大并记录下来，就得到了色谱图。

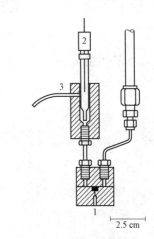

1—工作电极；2—参比电极；3—辅助电极
图 3-4-4 典型的薄层式
安培检测器结构图

### （八）化学反应检测器

HPLC 的发展要求通用型的高灵敏度检测器。前面介绍的 HPLC 常用检测器中灵敏度高者都是选择型检测器，要求被测物质具有某些特定的性质。通用型检测器只有示差折光检测器及蒸发光散射检测器两种，灵敏度皆不很高，达不到分析微量以致痕量成分的目的。因此，近年来发展了将被测物质进行某种化学反应（衍生反应、酶反应等）后再用高灵敏度的某种检测器检测的化学反应检测器，氨基酸分析仪是其典型应用。将无色的氨基酸通过色谱柱分离后与衍生化试剂茚三酮反应，生成在 570 nm 处有强吸收的有色化合物，然后用紫外-可见光吸收检测器检测。

化学反应检测器的最初阶段多采用液液化学反应，这种反应方式会引起本底增高，并由于柱外效应引起谱带展宽，限制了化学反应检测器的使用。近年来，开始探索液固化学反应在化学检测器中的应用，发展了固相化学反应检测器。这大大减小了柱外效应，过量的反应试剂和催化剂也不会进入检测器，减小了本底和对谱带展宽的影响，使化学反应检测器得到较快发展。特别是近些年来生物医学中使用了固定化酶反应器，大大提高了 HPLC 化学反应检测器的检测能力。

### （九）其他检测器

在 HPLC 中除上述常用检测器外，还有一些检测器可供选择使用。

1. 介电常数检测器

介电常数检测器是一种通用型检测器，灵敏度低，通用性强。工作原理是：随流动相中流出组分的改变，其介电常数、电容量也改变，因此测定流动相的电容量变化，即可检测组分的变化。介电常数检测器性能类似于示差折光检测器，但其应用不如前者普遍。

2. 电位测定检测器

电位测定检测器利用离子选择电极测定流出液的电位，流出液组成改变，电位也发生变化。使用不同的离子选择电极（如卤离子电极、银离子电极等）可测定不同的离子浓度变化情况。

3. 放射性检测器

放射性检测器是一种检测流动相中有放射性标记组分的特殊检测器，其响应范围很宽，对没放射性的流动相成分的改变不敏感，可有效地使用梯度洗脱技术。

4. 光电导检测器

光电导检测器是利用某些化合物受强烈紫外线照射引起光电离形成离子的现象，在电导池中检测，这种检测器对卤代物和许多含硫和氮的光敏化合物有选择性响应。光电导检测器对某些化合物的灵敏度比紫外-可见光吸收检测器还高，可达 10 g，两者线性范围相似。

5. 红外检测器

红外吸收可用作 HPLC 的选择性检测，这种方法主要用于凝胶色谱，且只能用于流动相对所用红外波长没有吸收的体系。这里所说的红外检测器与 HPLC-FTIR 联机时 FTIR 作为检测器不同，后者由于快速扫描和快速傅里叶变换，不用停留就可以得到每一个色谱峰的红外光谱图。

# 第五节　记录器和数据处理设备

高效液相色谱仪一般用记录仪或积分仪接收检测器输出的信号，然后根据色谱峰的保留时间以及峰高或峰面积进行定性和定量分析。随着计算机技术的发展与普及，现代高效液相色谱仪普遍配备由微处理机、绘图仪和打印机组成的数据处理系统，利用键盘输入操作程序和工作条件。可进行基线校准、峰形处理、测量峰的保留时间、峰高和峰面积，最后用描图打印装置完成描图和打印报告。配备显示器和外存储器的数据处理系统，其功能更为优越。通过键盘可进行人机对话，在显示器上可直接观察色谱分离状态和分析数据，并可由外存储器贮存工作参数、分析报告和色谱图。由于数据处理系统的卓越功能，不仅可提高色谱定性和定量分析的准确度与精密度，也可大大地提高分析速度。

# 第四章
# 液相色谱仪的维护及保养

本章的主要内容为液相色谱仪的维护与保养，分别对仪器维护和故障排除的原理、管路的维护和故障排除、高压泵的维护和故障排除、进样器的维护和故障排除、色谱柱的维护和故障排除、检测器的维护和故障排除、仪器的其他日常保养维护方法等七个部分作出论述。

## 第一节　仪器维护和故障排除的原理

### 一、基本思路

对色谱仪器系统进行维护的目的是要尽早地检查出问题，并能很快加以解决，排除故障使设备正常运转，使仪器设备停止工作时间缩至最短。首先，每天可以花上很短的时间查看一下仪器，往往能够及时了解设备运转是否正常。如果出现不正常情况，可借助多年的经验，分析判断出现问题的可能性。出现故障后，要善于用逻辑推理的方法，找出问题所在，然后根据故障的类别、大小，采取相应的解决措施，或者借助于各种手册帮助自己动手排除之。如果需要，可请制造厂家来进行维修服务。

故障排除的基本思路如表 4-1-1 所示，可以结合后面的内容进行思考、判断和解决问题。

表 4-1-1　故障排除思路与工作程序

| 一般迹象踪迹 | 故障表现（与以前的系统情况相比较）：系统设置有无变化，此类问题以前是否发生过，系统有无受外界设备影响的可能等 |
| --- | --- |

续表

| 简单检查 | 寻找线索：各种线路选择与连接是否正确，流动相或气路是否正常，色谱柱选择正确否，流路（气路）放空等有无变化 |
|---|---|
| 系统比较 | 建立正确的使用条件：建立记录、操作程序，作新色谱图计算各种色谱理论参数（$N,a,k'$等），重复实验，确立现系统的条件 |
| 找出故障原因 | 分析症状，查阅症状-原因表，找出可能的原因 |
| 使用系统故障排除表 | 按方法，部件等内容查找解决办法 |
| 求助 | 与厂商或专家联系 |

尽管平时的保养工作做得很好，仪器还是会发生故障的。假如，没有合适的工具和熟练的技巧，在试图排除故障时势必会损坏部件；如自己动手修理电路板或调整检测器光路，这似乎超过了多数用户的能力。色谱工作者此时要冷静地思考，并着手进行以下几方面的工作。

（1）查找本书中有可能帮助解决问题的方法；

（2）详细、耐心地阅读仪器操作手册、看插图，在有把握的情况下维修比较复杂的部件；

（3）请教有关专家，如检测器问题可请教光谱学专家，电路问题可请教电子工程师；

（4）打电话或发电子邮件给厂商，厂商可在电话或各种网络中给予指导，不一定都要厂商登门。

## 二、常用原则

本小节列举了一些对仪器（以液相色谱系统举例，气相色谱系统也可以进行类似的思考）进行良好维护和故障排除的实践，这些实践是作为"常用准则"提出的。如果在维护和故障排除的过程中采用了这些准则，并达到了目的，将发现仪器维护与故障排除工作其实还是相当简单的。

### （一）一次规则（Rule of One）

当系统出了故障，可以试探性地改变某些状态，一次可以改变一个参数。例如，限制色谱峰拖尾的问题，可以依次改变流动相、换保护柱、换分析柱等。

进行一些简单的改变步骤，也许就能解决问题。

### （二）二次比较规则（Rule of Two）

在动手检修之前已经明确了故障所在，或者已经确定了解决故障的方案。换句话说，动手之前已经找对了解决办法。例如，在进样过程中发现内标物的峰值变低了，可以重复进样看看重复性如何。如果是偶然变低，是否是定量管里进了气泡。这个规则可用于考察系统改变后的情况，更换了流动相后在正式进样前可以进两次标准品以检查保留时间的稳定情况和色谱峰的稳定性。在梯度洗脱中如果出现了多余的峰，可以空载梯度洗脱一次，用此规则可以避免不必要的改变，尽快确定纠正措施。

### （三）取代规则（Substitution Rule）

用好的部件换下可疑的部件，是查找故障的最好方法。如果怀疑检测器引起了噪声，就换一个性能好的检测器。如果故障被排除了，那就说明换下的检测器有问题。这个规则应用的规模有大有小，可以从换整个部件到换印刷线路板上的集成块。

### （四）换回规则（Put it Back）

这个规则和取代规则一起运用，好部件取代了可疑部件后情况并未得到改善，应重新换上原部件。这样做维修的费用最少，也防止了用过的部件积压下来。这条规则仅适用于单一的故障，换回规则不适用于以下的情况。

（1）在取下时新部件已损坏（如泵密封垫圈）；

（2）部件价格低（如柱内衬过滤片）；

（3）重新装上原部件要冒损坏的风险；

（4）定期更换的部件。

### （五）参考条件规则（Reference Conditions）

通常有两种参考条件：标准参考条件和试验参考条件。

标准参考条件也叫标准试验条件，是从一个系统到另一个系统、从一个实验室到另一个实验室都易于验证的条件，用该条件所测得的数据有助于识别实际试验和系统间的问题。如果在某试验条件下系统压力升高，而在标准条件下压力正常，这说明系统异常是由实验室的变化所引起的。用标准条件验收新的液相色谱系统是最方便的，也易于与厂家联系。

试验参考条件适用于检查正常系统每天的工作情况，要选最方便的方法验证这种条件。每天可以打印两张校正用色谱图作对照，检查保留时间、峰宽、系统压力等方面的变化。发现峰的斜率、色谱柱塔板数和其他参数与原来色谱图相比有了变化，说明系统在运行中可能发生了问题。当然，发生问题不结合实际分析程序考虑，只通过查找标准参考色谱图是不能一目了然的。

### （六）记录规则（Write it Down）

这条规则往往被人忽视，应该在每次维护和故障排除后都作记录。例如，对系统的某一特定故障因为没作记录就不可能系统地分析问题，费时又费力。从长远观点看，系统发生的特定故障对今后的操作也有极其重要的意义。每台仪器都应备有维修记录本，内容包括日期、故障部位、现象、产生的原因、解决的办法和结果等。还有一点要注意，试过的或换下的部件都要贴上标志。

做好维修保养记录有如下好处。

（1）让所有的操作人员都知道发生了什么故障，在操作过程中引起注意；

（2）帮助操作人员描述故障现象；

（3）当再次发生故障时可根据资料尽快解决问题。

### （七）预测规则（Crystal Ball）

有维修实践和保养习惯的人员应能够预测系统的故障，平时在保养方面多投入些时间，系统会以减少故障作为报答，同时也消除了连锁性的损坏。例如，因平时不注意保养，泵的密封垫圈坏了，造成流动相渗漏，会腐蚀泵和其他部件。善于保养能节约时间和金钱，而不是仪器控制了操作人员。例如，每天开始工作或结束工作时发现灯寿命引起基线漂移就把灯换下来。如果等到灯全坏了，就需要停机，造成的损失可能比一个灯的费用还要高。

### （八）缓冲液规则（Buffer Rule）

这条规则提醒停机时一定要洗净系统中的缓冲物，系统中缓冲物的残余会造成腐蚀、磨损和阻塞。另外，生理缓冲液极易受到细菌和霉菌的影响，理想的冲洗液是不含缓冲物的相同组成的流动相。不要让纯水贮藏于系统中，以防生长细菌。可在水中加入 10%的有机溶剂或 0.02%～0.05%的叠氮化钠溶液，在实验室中应按如下程序冲洗：用纯水冲洗 30～60 min（1 mL/min），再用甲醇冲洗 30 min 后关机。千万不能一开机就用有机溶剂冲洗，否则无机盐就会沉淀在系统中，造成不良后果。

## 三、逻辑推理

对液相色谱系统的故障作逻辑推理是快速纠正系统故障的关键。某些一目了然的故障，如接头漏了，紧一紧螺丝就可以了。有些故障一时难以判断，如峰拖尾的问题，可能一时找不准原因。遵循有规则的模式解决问题，十分重要，而不是漫无目标地逐一检查每一个部件。

### （一）粗看一遍

首先，故障发生后要对系统作一次快速的检查。沿着流动相存贮器经系统到放空，整个流路看一遍就能发现问题所在：泵的入口处有无气泡？接头是否渗漏？压力是否正常？还有没有其他反常现象？其次，确认所设定的条件是否合适：检查流动相、流速、压力、色谱柱类型、检测器和记录仪，调整这些方面对方法的适应性。进行这两步检查仅需一两分钟时间，却能够做到事半功倍。

### （二）系统的变化

例如，开机后进行过维修，更换过零部件，加入了新流动相，分析过特殊样品，改变过方法，甚至停过电等。如有其他操作人员在实验室中，可询问一下仪器是否有过什么变化。最后认真归纳系统发生的每一个变化，就能解决许多问题。

### （三）对照参比条件

系统如果出了问题在色谱图上都会有反应，再做一次试验参考色谱图。如果参考色谱图没有问题，可以考虑是否样品出了问题；如果参考色谱图有问题，那么系统就有了问题。也有些问题不能在色谱图中反映出来，如压力变化，这时应弄清流动相及其流速是否有误，不必再做试验参考色谱图。

### （四）逐步分析并解决问题

如果上述尝试都无效，可将系统一次做一种变化，并同时进行记录。变化无效的一般无问题，有效的应作记号，然后根据实际情况，调换部分或整个部件。

# 第二节 管路的维护和故障排除

## 一、管路的种类与规格

整个液相色谱系统从贮液器经整个系统一直到流动相排放都要使用管路。根据承受压力的大小可用不同材质的管路，管路的主要材料有不锈钢管和聚四氟乙烯管，也有用聚乙烯或聚丙烯管的。不合适的管路引起色谱峰变宽或液流受阻产生高压，排放管路不能太细。有样品通过的管路内径要细，利于色谱峰的分离，保证样品在管路中滞留时间少。管路一般不会"磨损"坏，无需进行特殊的维护，只有当与其配套的接头阻塞或损坏时才更换管路。

国内存在公制和英制两种规格的管，如表 4-2-1 所示，为这两种单位制的换算。

表 4-2-1 管内径两种单位制的换算

| 内径 | | 体积 |
| --- | --- | --- |
| 英寸 | mm | μL/cm |
| 0.005 | 0.13 | 0.13 |
| 0.007 | 0.18 | 0.25 |
| 0.010 | 0.25 | 0.51 |
| 0.020 | 0.50 | 2.03 |
| 0.030 | 0.75 | 4.56 |
| 0.040 | 1.00 | 8.11 |
| 0.046 | 1.20 | 10.72 |

不锈钢管。凡有高压的部分都要用不锈钢管连接。在液相色谱系统中，从泵出口一直到检测器的入口必须用不锈钢管。这种管子能耐腐蚀，有精密

的同轴度，选用时应注意管子的孔要正好与接头的钻孔相匹配。不锈钢管通常分为液相色谱级和工业级，从仪器公司新买来的管路多数已经过处理，可直接拿来用。从工厂买来的管子价格低，但要清洗后才能用。溶剂清洗顺序是：氯仿-甲醇（无水乙醇）-水-1 mol/L 硝酸-水-甲醇-氮气流吹干。

聚合物管。在液相色谱系统中可用聚合物管的部分为：从贮液器到泵；检测器出口；其他低压部分，如进样器排液口和泄液阀出口。聚四氟乙烯是最好的可塑性管子，而且对液相色谱的化学试剂呈惰性。聚乙烯和聚丙烯管可用作放空管路（不能用作进液管），聚四氟乙烯管使用前，以甲醇冲洗即可。聚合物管子价格低、柔软，适应于容器的形状。

聚醚酮管可代替不锈钢管，它可耐压 30 MPa，比不锈钢管更具惰性，这是一种新发展的材料。

液相色谱系统不同部件之间可采用不同种类和规格的管子。

在液相色谱系统中，进样器到柱、柱到检测器的连接管道有明显的柱外效应需予以注意。在其他地方对管子的长度和直径要求不那么严格，只要在换溶剂时达到快速、干净的目的即可。如表 4-2-2 所示，列出了与常用色谱柱相连接的管子总长度与内径的要求。如表 4-2-2 所示，为柱外峰宽效应增加 5% 时不同内径管子最大长度（包括接头）。

流速对峰宽起反作用，但从下面公式可以看出流速 $F$ 的影响远不及柱内径 $d$ 大。

$$L = \frac{40V_R^2 D_M}{\pi F d^2 N}$$

式中：

$V_R$——保留体积；

$D_M$——溶质扩散率；

$N$——塔板数；

$L$——柱长。

采用大内径柱可以用较大内径的管路。如表 4-2-2 所示，用 250 mm 长的柱，而柱内径分别为 1.0 mm、2.0 mm 和 4.6 mm，连接管路可相应变长。

表 4-2-2  不同内径管长指南

| 柱/（1 mL/min） | | | | 不同内径（mm）管柱外峰宽效应 5%时最大长度/cm | | |
|---|---|---|---|---|---|---|
| 长/mm | 内径/nm | 填料粒度（径）/μm | 塔板数 | 0.18 | 0.25 | 0.50 |
| 33 | 4.6 | | 4 400 | 22 | 9 | ＜8 |
| 50 | 4.6 | 3 | 6 677 | 33 | 14 | ＜8 |
| 100 | 4.6 | 3 | 13 333 | 67 | 27 | ＜8 |
| 150 | 4.6 | 5 | 12 000 | 167 | 68 | ＜8 |
| 250 | 4.6 | 10 | 10 000 | 556 | 228 | 14 |
| 250 | 4.6 | 5 | 20 000 | 278 | 114 | ＜8 |
| 250 | 2.0 | 5 | 20 000 | 50 | 20 | ＜8 |
| 250 | 1.0 | 5 | 20 000 | 12 | ＜8 | ＜8 |

在实际操作中，因情况不同对管路的要求也不同。如待分析组分的峰都达到基线分离，且 $k' > 1$，柱外峰宽效应达到 10%也无问题，但干扰峰在 $k' = 1$ 之前出来，而 $R < 1.2$。若用细而短的色谱柱，则对管路的要求相当严格。

## 二、管路故障的预防维护

### （一）贴标签

要分辨出不同内径的不锈钢管是十分困难的。为防止差错，对新买来的管子应贴，上标签，并注明管径。有的厂商（如安捷伦公司）在管子外套上彩套，标示出不同管径的管子，使用时可准确无误。

### （二）正确切割管子

聚合物的管子常成批买来，使用时用刀片切齐即可。而不锈钢管，有的是厂商已经切割好，有的则需要自己切割。切割好的管子切口应光滑，两端整齐，已经倒过毛边和清洗过，甚至已用电抛光处理过。自己切割管子很难保证质量，有时很难与接头相配。但是，自己切割管子可节省开支，灵活选用不同的长度。因此，几乎所有的色谱工作人员都是自己动手切割管子。

要求管子切口平整，能贴切地插入接头中，常用三种工具将其锯断：砂轮切割机、旋转切割机和锉刀。即使是熟练的操作者，在使用这三种工具时也不一定会把管子插入接头中心而密封，同时保证切口很整齐。

用砂轮切割机可保证切口整齐，运用机上倒毛刺工具可去掉切口内外的毛刺，但对小管径管子较困难，常常会折断倒毛刺工具的尖端（这种机器价格贵）。旋转切割机没有砂轮切割机切得平整，但不会阻死管孔，没有毛刺，价格低。用旋转切割机先在管外划一条痕，然后用钳子夹住转动折断，再用锉刀小心修整一下即可，但划痕深度多少为好比较难掌握。浅了折不断，报废管子，深了切口不平整。实验室最常使用锉刀切割管子，用名牌的双面锉或三角锉在管子，上锉 1/3 的槽（在支架上更好）。然后用钳子猛扳锉口的两侧，用锉刀锉平毛刺，用这种方法很少能使锉口平整。锉槽时可借助放大显微镜，不至于锉歪。

切割的管子要按前面提到的程序冲洗去掉毛刺和锉屑，否则会引起麻烦。

新换上的管子一般不会引起明显的压力变化，一旦发现压力降低应检查渗漏情况。压力升高可能管路不畅，应及时排除异物，否则会很快阻死。

用半透明的聚合物管可见到管中有无空气泡，泵进液管中不应有气泡。检测器放空管有气泡是正常的，只有色谱图上出现尖信号时才考虑可能是这些气泡通过了检测池。当然，如果连续不断有气泡放出，应检查放空管的接头处是否漏气。

## 三、管路故障与解决办法

### （一）管路阻塞

阻塞是管路的主要故障，管路完全或部分阻塞是由下列原因引起的：没有很好过滤流动相；样品中有微粒；泵或进样器垫圈产生碎片；预柱、保护柱和分析柱中漏出填料；毛刺和锉屑进入；流动相中的结晶盐；微生物；系统中进入了其他颗粒性物质。系统中管道阻塞的现象很少见，常见的是烧结过滤片（玻璃砂芯）阻塞。用烧结过滤器或烧结过滤片（孔径 2～10 μm）能去掉阻塞管路的微粒（如 0.25 mm 管径）。

管路完全阻塞，压力会突然升高，超压。部分阻塞开始不明显，不断滞留在液流中的微粒压力会慢慢升高，最后完全阻塞。管路阻塞同时会看到接头或垫圈渗漏，低压好一些，高压渗漏明显。

用系统分段法检查阻塞的管路，从后向前分别松开接头检查，找到阻塞管路后，应立即拆下来疏导或换新。如果是非刚性物质阻塞，如生物样品中的生化物质（蛋白质）、微生物等，可用极细的金属丝导通，也可以在火头上烧一烧，使有机物炭化，而后再导通。如果是刚性物质阻塞，要导通则十分困难，采用反冲的办法有时能成功，就是将管子调头用泵冲洗。操作时要注意保护眼睛和裸露的皮肤，因阻塞物会以很高的速度冲出来。

无法导通的管路要换上同样规格的管子。如果换上新管后又被阻塞，则应该停机检查上面提到的引起阻塞的几种原因。

**（二）管头损坏**

管子切口不平整或密封卡套不平滑都不能密封。要重新切割去坏管头（包括卡套），调换新卡套，装上接头挤压卡紧。大多数渗漏是由接头引起的，而不是管子问题。

# 第三节　高压泵的维护和故障排除

液相色谱系统泵将流动相从贮液器抽至色谱柱，对于分析柱，泵的流速在0.1～10.0 mL/min，微型柱和制备型色谱例外。不同型号的泵可以相互代用，但应考虑：

（1）泵机械是否与系统配套。整机型受中心控制器控制，与单泵相连是否合适。

（2）可能输出的流动相速度是否合适。如分析型系统最小流速0.1 mL/min，就不能用于微型柱，这种色谱柱往往要求流速0.01～0.05 mL/min。

泵出了故障常在色谱图上反映出来，即噪声增加，保留时间不重复。泵的运动部件最多，机械磨损是产生故障的重要原因，主要有三大问题：单向阀失灵、密封垫圈渗漏、泵中有空气泡进入。

## 一、高压泵故障的预防维护

要保持泵的良好操作性能，必须维护系统的清洁，保证溶剂和试剂的质量，对流动相进行过滤和脱气，下面列出预防泵故障的几项措施。

（1）用高质量试剂和 HPLC 级溶剂；

（2）过滤流动相和溶剂；

（3）脱气；

（4）每天开始使用时放空排气，工作结束后从泵中洗去缓冲液；

（5）不让水或腐蚀性溶剂滞留泵中；

（6）定期更换垫圈；

（7）需要时加润滑油；

（8）查阅有关泵操作手册中的其他建议。

处于良好操作状态的泵，应该能使色谱图上的基线平稳，保留时间的重复性好，在等度洗脱时压力波动小于 2%，梯度洗脱时压力变化应是缓慢和平稳的。

为使故障发生后尽快排除，平时应常备泵密封垫、单向阀（入口与出口）、泵头装置、各式接头、保险丝等部件，以及更换工具。

## 二、常见故障与解决办法

### （一）单向阀故障

1. 主要故障分析

单向阀主要故障是：（1）球与阀座密封不严，液流倒流，压力不稳；（2）球与阀座粘在一起阻死。密封不严主要是污染或气泡引起的，球与阀座粘在一起是由于污染或磨损造成的。

在球与阀座上，即使有微小的尘埃或者未洗去的缓冲液晶体都会引起倒流。如使用高质量的溶剂并且脱过气，而泵仍不能正常工作，应考虑微粒污染问题。此时用不同极性的一系列溶剂冲洗有可能解决问题，如分别用 25 mL 水、甲醇、异丙醇、二氯甲烷依次冲洗。冲洗时应打开泄液阀，而后再用相应的溶剂冲洗整个系统，再不行就更换新阀。

拆装单向阀要有熟练的技巧，要求在清洁的环境中进行。装上后打进甲醇，赶走新阀中的空气。

气泡进入阀中会紧贴在阀体的一侧，使球难以返回到阀座，引起倒流，压力和流速变化范围大，有时甚至为零。此时不必弄清楚气泡附着在何处，只要打开泄液阀大流量冲洗或用脱过气的甲醇冲洗可以解决问题。在冲洗泵时可用扳手迅速打开泵头上的输出管路，以促使气泡排出。

用脱气甲醇代替流动相有利于气泡的排出。甲醇可润湿泵内壁，挤出气泡，也可使气泡溶入脱气的甲醇，长期不用的泵或新装的泵头应该用脱气的甲醇赶气泡。另外，可在贮液器上加一定的压力，或者抬高贮液器位置，这样有利于除去附着的气泡。

使用双柱塞泵时常见到压力下降可能与某泵头有关，在排气前要弄清是哪个泵头有问题。此时开动泵作几次循环运行便可以判断出。

打开泄液阀后未能达排气目的，可用扳手固定住受怀疑的泵头，拧开输出管道的压帽（1/3 转），可见气泡从压帽处渗漏出来，直到气泡排尽再拧紧压帽。压力稳定了说明气泡排净，用吸水纸吸干漏出的液体。

采取上述方法后仍不能排除压力不稳的故障，应考虑可能是垫圈坏了、阀座被磨损了、球不光滑等。前者换新垫圈，后者更换单向阀。换单向阀时应注意固定好泵头，然后依次拧开管道和单向阀，防止折断柱塞杆。安装单向阀时不要弄错了方向，进口单向阀和出口单向阀的阀座方向一致，在单向阀下侧，可用洗耳球从进液的方向吹气试验，安装后先排气。

2. 单向阀的清洗方法

可小心地取出单向阀放入稀硝酸内超声清洗 15 min，再反复用 HPLC 级水清洗 2~3 次，最后用甲醇清洗两次。然后用洗耳球从进液方向反吸气，如不通气，说明故障已排除，可装入泵内运转（先排净气）。这样处理仍然无效，可将进液和排液单向阀相对调，即将原来的进液阀作排液阀，排液阀作进液阀（注意不要弄错方向），装好后也可用洗耳球吸气试验。

如果技术熟练，可以对调单向阀的宝石球。原套的球和阀座因磨损已不能线密封时，调换宝石球可以改变相对的形状与位置。操作时要防止球滚落、硬质工具碰坏球面或阀座面。拆装要在清洁的环境中进行，有条件在显微放大镜下操作更好，能去掉纤维和灰尘。

有些类似的现象看上去也像单向阀出了问题，如供液不足、过滤器阻塞、脱气马虎等。

### （二）泵垫圈故障

1. 常见故障分析

泵垫圈常见的故障是渗漏和垫圈碎片污染系统[1]，垫圈使用时间长了随时都可能出现故障。有人提倡 3 个月换一次垫圈，可以不花费时间和金钱去解决系统污染问题。另外，密封垫圈的材料抗不住溶剂的浸蚀，也会严重污染系统。

垫圈与运动着的柱塞杆紧紧相接触，是液相色谱系统中最易磨损的部件。缓冲液或其他含盐的流动相更加速垫圈的磨损，垫圈磨损是不能避免的，但采取保护措施可延长它的使用寿命。垫圈损坏的表现是：（1）在高压下压力不稳定；（2）从泵头渗漏流动相，总的反映在样品保留时间的改变。一个渗漏的垫圈就像一支压力调节阀，到了一定的高压限压力就上不去了，部分液流在垫圈处漏出。一旦发现垫圈渗漏，要拆下旧的，换上新的。

多数垫圈与流动相是协调的。有些厂商为延长垫圈在水性流动相中的使用寿命，而制作垫圈的材料能溶于某些溶剂中，出现了垫圈与流动相的不协调性。例如有的垫圈仅适用于水、甲醇和乙腈，在四氢呋喃中溶解。为了防止发生垫圈溶解可以将垫圈置于相关的溶剂中浸泡一夜，检查其颜色有无改变，有无发黏、变软；同时用紫外分光光度计扫描浸泡液，有无出现新紫外吸收。如果出现上述现象，应停止使用这种垫圈，向厂商询问并更换。

2. 换密封垫圈的操作

这是所有的液相色谱系统操作者都必须学会的方法。各种类型的仪器有不同的操作方法，可以参照各自的使用手册，这里简要介绍如下。

第一，准备好工具和所需部件。工具包括扳子、10 号木螺钉、超声清洗粉、垫圈安装工具、新垫圈。用水-甲醇冲洗泵，拆开进出口管道，在泵头和单向阀上标出液流方向（有的厂商已标出）。

第二，将柱塞杆缩至最小，松开泵头的两根收紧螺钉，小心托住泵头。操作时要注意处处以平衡的动作慢慢退出泵头，切不可摇动或上下左右摆动泵头，否则柱塞杆极易折断。退出泵头后，柱塞杆还留在泵上。

第三，用 10 号木螺钉旋进旧垫圈孔中轻轻拔出旧垫圈，注意不要划破泵

---

[1] 张燕婉，孟宪敏.高效液相色谱仪使用中常见问题及对策［J］. 中国医学装备，2006（04）：31-33.

头。要毫不犹豫地随即扔掉旧垫圈。

第四，将泵头（连同单向阀）和新垫圈分别放入甲醇中超声清洗，同时用无纤维纸擦洗柱塞杆。察看柱塞杆上有无划痕，如有划痕应换新柱塞杆然后再安装垫圈。有人建议拆去单向阀后超声清洗，防止单向阀被污染。

第五，安上新垫圈。这一步要用专门的安装工具，切不可粗心大意，避免损坏垫圈。有些公司专门出售安垫圈工具，有详细的说明与图解。选一根略粗于柱塞杆的不锈钢杆，截成约 5 cm 长，一端精密磨制成与柱塞杆同粗细的（3.2 mm）、有很高光洁度的面。选一根直径大于柱塞杆约 2 mm、壁厚 2 mm、长约 3 cm、一端截面平整光滑的铜管，操作时将不锈钢杆光滑端从垫圈无弹簧的一侧轻轻插入，插至垫圈不掉下来即可。将垫圈有弹簧的一侧对准泵室（高压侧），再给不锈钢杯套上铜管，用光滑的一面轻轻向泵室压垫圈，同时抽出不锈钢杆，继续用拇指将垫圈完全压入泵头，加上垫片。

第六，重新装上泵头。先在柱塞杆上滴几滴甲醇以湿润，滑动泵头到位。千万不能摇动或摆动，以防柱塞杆在这一步操作时折断。平衡地上紧固定螺丝（防止折断柱塞杆），接上进液管道。

第七，打脱气甲醇到泵腔中，不断用纸巾从泵出口处吸去流出的液体，等到无气泡溢出再接上输出管道，打开泄液阀，继续抽 20 mL 甲醇赶走气泡后，换成需要使用的流动相。

### （三）柱塞杆故障

柱塞杆故障有三种——因操作错误被折断、摩擦划痕、被卡住。

除非发生在检修泵头或更换密封垫圈时，柱塞杆被折断一般不多见。柱塞杆折断在被拆开时仅见参差不齐的根部，顶端被夹在垫圈中。装泵头或在操作中柱塞杆折断时，无流动相输出，或者压力波动。有的泵装有指示器监视泵运动情况。

有磨损物质或缓冲盐夹在柱塞杆与垫圈之间，可能在柱塞杆上划痕，其现象是换上新垫圈也不能止住渗漏，使用放大镜可见划破地方。

柱塞杆卡住的主要原因是腐蚀性溶剂留在泵内而又长期不开机，卡住的柱塞不能运动，不能抽取流动相。此时，开泵会造成马达烧坏、连杆脱落以及损坏其他部件。

出现以上三种故障，都要更换新柱塞杆。这种操作比较困难，一般需要请维修工程师来解决，或者参阅专门的操作手册自己动手。

### （四）其他故障

隔膜泵的隔膜破裂（少见），油会流入流动相，最后看不出压力的变化。有些厂商在油中加色，如膜破裂可看到色谱图基线偏离。此时要用强溶剂（如氯仿等）清洗系统，必须请厂商来换隔膜。

泵发生故障可能还有压力检测器失灵、泄液阀漏液、混合器故障以及除垫圈和单向阀以外的渗漏等。泵外管路和接头渗漏可用小片滤纸检查，发现滤纸潮湿表示渗漏，用扳手拧紧即可。此时，如用缓冲液洗脱，则可见到盐晶体析出。

# 第四节　进样器的维护和故障排除

## 一、进样器故障的一般预防维护

### （一）进样阀

自动进样阀与手动进样阀保养方式相同，保持清洁和良好的装配是延长阀寿命的关键。转子压得过紧会加速磨损，压得过松会渗漏，每次工作结束后必须冲洗干净缓冲盐。如怀疑阀的上游有颗粒，可在阀前装过滤器，挡住微粒。微粒磨损转子会引起横向孔间渗漏。如果转子已磨损，即使在取样位 3、4 两孔也通，此时样品很难进入样品环管中。保持进样阀清洁，装配正确，至少可转动 1 万次（5 000 次进样）才可能报废。

在手动进样器中造成转子或定子损坏的原因可能是使用了不合格针头或长针头，如果使用了像气相色谱仪进样用的进样针，将会损坏进样阀，同时进样针也会报废。建议尽量购买商品化了的进样针头，现在进样阀的设计上将使这种进样针头绝大多数情况下接触不到定子。对于聚四氟乙烯的针头，密封管也要进行定期检查（如每月一次），以防渗漏。调节、拧紧进样孔的螺母，恰如其分地压缩聚四氟乙烯管，使之能紧紧裹住注射器针头。

## （二）样品制备

自动进样器可在无人照看的情况下操作，对于进样样品的基本要求是无微粒和其他能阻塞针头、连接管路和进样阀的物质。这些也适合于手动进样，应在光线下检查有样品无颗粒，浑浊或乳化，必要时用 0.5 μm 的过滤器过滤。对于小体积的样品过滤很困难，在样品制备时应特别注意每一步的操作。

样品介质效应和贮存条件不佳，也会导致试验结果的精确度差。有报道指出，盐水稀释过的血浆样品在小瓶中冷冻后融化进样，振摇小瓶后手动进样精确度好，不经振摇自动进样，峰高逐渐降低。这是因为小瓶冷冻时从顶向下冷冻，因盐析作用使样品中的被分析物沉于瓶底，融化后第一次进样浓度最高，以后瓶中的分析物慢慢扩散，瓶底浓度越来越稀，峰高也越来越低。此例提醒我们应该在进样前进行充分的振荡，使所有小瓶中融化的样品混合均匀。

为了减少色谱峰加宽效应，样品到达柱之前最后稀释液的强度应小于流动相强度的一半（如流动相是 50%的乙腈/水样品稀释液应小于 25%乙腈/水）。水溶性混合样品可直接进样，如果样品是从有机溶剂中萃取出来的，则需要进行稀释。用弱溶剂可使样品在柱头浓缩，不会因柱前连接管路使色谱峰变差。

## （三）样品瓶

样品瓶应很干净，无可溶解的污染物，多数用玻璃瓶，也有的用塑料小瓶，一次用后应废弃。小瓶用聚四氟乙烯膜密封，也可用硅聚合物膜；或者一面是聚四氟乙烯膜，另一面贴上硅聚合物膜。这种膜密封性能更好，针头穿刺数次也不渗漏。要防止隔膜中物质溶于样品液中，可将膜在有关溶剂中浸泡一夜，再用灵敏度高的分光光度计检验。

样品瓶要有适应于自动进样器支架的尺寸，最好由厂商配套供应，这样可以避免许多问题。

给每个小瓶贴上标签是一种实用的方法，单靠支架上的编号往往弄错。对某些结果不清楚或与识别相联系的问题，贴标签后易于监测样品运转情况。

## （四）样品支架

样品支架带动小瓶到进样位置，用机械或光传感器定位。机械定位很少受外界干扰，而且不需要作预防性维护。光学定位会因受到空气中的干扰物或样品溅液影响而移动位置，要定期清洗光传感器和支架反射条纹，以确保光扫描系统能正确无误地工作。定期核准支架，使小瓶中心正好对准针头时支架停止转动。

### （五）样品针头

自动进样器的针头有钝化斜面，侧面开孔，可防止隔膜碎片阻塞针管，偶尔也有针头未与小瓶对准而使针头弯曲。一旦弯曲就应该换上新针头，不要弄直了继续使用，因为那样针头很容易在同样位置再弯曲。吸液时针头应没入样品溶液中，但要注意不能碰到样品瓶底。

### （六）连接管

自动进样器的针头不直接进入进样阀，用一根连接管连接针头和进样阀。这种管子都是专用的，内径小于 0.25 mm，在样品达到柱头前扩散最少，但也要考虑存在管径小阻力大或引起阻塞的问题，因此有些进样器上用几十厘米长的连接管是不合适的。

### （七）空气源

用压缩空气或氮气从样品瓶中转移样品到样品环管中，调节合适的压力十分重要，压力调节器装在自动进样器中或装在气源上，也有的两者都装上。压力过小不能充分地冲洗样品环管，取样不足，甚至抽取不到样品。压力太大，过分冲洗样品环管导致样品被放空排掉，样品环管中部分或全部装满空气。取不同黏度的样品时要反复调节空气压力，一般操作说明书上都有详细说明，动手调节之前应仔细阅读说明书。有特殊需要时，也可以用氢气作为气源，但必须要调节适当的流量达到目的。

### （八）冲洗

为防止缓冲盐和其他残留物留在进样系统中，每次工作结束后应冲洗整个系统。通常用不含盐的稀释液、水，不含盐的流动相就可冲净系统。用放在小瓶中的冲洗液进行数次进样循环操作，并反复在取样和进样位冲洗，用无纤维纸擦净样品针头的外侧，有些仪器有自动冲洗程序或能自动冲洗样品针头的外侧。

两次进样之间似无必要冲洗，采用顶替法进样时可用下次样品的前面部分作冲洗液以洗去上次残留样品。采用注射法进样时用这种办法效果不好，还要另外用冲洗液冲洗。因此，两次进样之间都夹有冲洗程序。不管用什么方法进样，都可在样品瓶之间装一个或数个冲洗液的小瓶供冲洗用。

**（九）校正**

开始进一批样品前要校正好自动进样器，这是防止在工作过程中发生故障的最有效的方法。多数实验室都为自己的色谱系统建有一套校正程序，可在出现故障时，查出是进样系统的毛病，还是液相色谱系统的毛病。

表 4-4-1 为检查自动进样器的操作程序。配制两种不同浓度的标准品 A 和 B，要做到标准品本身的精确度在 ±1.5% 之内。第一次进 A 所得数据可不予采用，因为系统尚未稳定，而后进标准品 B。假定 B 为未知含量的样品，用 A 校正 B，算出 B 的含量应等于 B 的真实含量。在试验中应该用空白样品介质配制标准品，以防止介质的影响，还可将其他组分加进标准品试验分辨率。每天正式开始实验前都用标准品做一下实验，将每天的结果统计就成为实验工作日的精确度。

表 4-4-1 检查自动进样器的操作程序

| （1）标准 A | （5）一组样品 | （8）标准 B | （11）标准 A |
|---|---|---|---|
| （2）标准 A | （6）标准 A | （9）分离度试验 | （12）一组样品 |
| （3）标准 B | （7）一组样品 | （10）一组样品 | （13）标准 B |

## 二、手动进样器的维护与故障排除

### （一）手动进样器的拆卸和转子密封垫圈的更换

只有在清洗阻塞孔或更换磨损部件（内装阀要拆开换样品环管）时才拆开阀，一般情况下（调整不当或微粒污染）不轻易拆开。

下面的讨论同样适用于自动进样阀。

（1）备有新的转子垫圈，有阀分解图和厂商对部件的重新安装指南。

（2）对照分解图拆开阀，如不能熟练地重新组装，可将部件有次序地放在干净纸上。

（3）将所有部件泡入甲醇或柔和的洗涤剂中超声清洗几分钟，不可用

pH＞9 的清洗剂，这是因为转子中的聚合物在碱性下（pH＞10 时）不稳定。接着用水漂洗部件，最后再用甲醇漂洗，空气吹干，换下损坏的部件。用放大镜检查转子和定子表面，如有磨损痕迹需更换新的部件或送工厂重新处理。

（4）按厂商指南更换所有损坏部件（转子密封垫圈），按照操作手册仔细装配：给转子定位并调整转子的应力；转子位置不正确，孔或槽不能与阀孔成线，则阀不能工作；转子调整不好，极易造成阀渗漏，转动困难，并且很快又磨损。

平时应准备的备件包括：转子密封垫圈、几种定量环管、品牌相同的各种用得着的接头、合适的注射器。对于自动进样器：合适的样品瓶以及相应的隔膜垫和样品盖、自动进样器专用的注射器、各种接头等部件及保险丝。

**（二）手动进样器的故障和解决办法**

进样器的故障主要有：接头故障、阻塞、注样孔故障和样品滞留。如图 4-4-1 与表 4-4-2 所示，列出了进样阀的故障并在下面作分别的讨论。

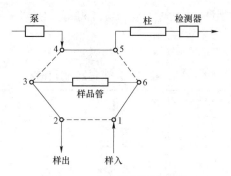

图 4-4-1　六通进样阀的链接

表 4-4-2　进样阀的故障

| 现象 | 阀位 | | 松开指定孔 | | | 阻塞孔 |
|---|---|---|---|---|---|---|
| | 进样 | 取样 | 2 | 3 | 6 | |
| | | | 压力变化 | | | |
| 压力升高 | + | － | 无 | －* | －* | |
| | | | 无 | － | | |
| | － | + | 无 | | | |
| | + | + | 无 | －* | －* | |
| 压力升高 | | | 无 | +* | +** | |

| 现象 | 阀位 | | 松开指定孔 | | | 阻塞孔 |
|---|---|---|---|---|---|---|
| | 进样 | 取样 | 2 | 3 | 6 | |
| | 改善情况 | | | | | |
| 装样困难 | + | + | +* | 无 | +** | |
| | | | +** | 无 | + | |
| | | | − | 无 | 无 | |
| | − | + | 无 | 无 | + | |
| | | | 无 | + | − | |

注："+"表示压力升高或者装样困难；"−"表示压力下降或装样改善；"无"表示无影响；"*"表示进样位；"**"表示取样位。

### 1. 进样阀上的接头故障

与系统其他部件的接头故障相同，如接头损坏，不配套，组装不对会发生渗漏或峰变宽。

阻塞的现象各有差异，有的反压很高，有的取样困难。如表 4-4-2 所示，可找出阻塞的孔或样品环管，应注意到装配不当造成的转子阻塞与孔和样品环管阻塞之间有相同之处。

例如，如表 4-4-2 所示，在进样和取样位压力都升高，在进样位将样品环管任一端松开（孔 3、孔 6）压力均下降，孔 5（柱位）很可能被阻塞。

用反冲法也可能疏通阻塞孔，若不奏效应拆下超声清洗，或送回工厂返修。不要试图用金属丝通阻塞的阀孔，因划破转子表面或金属丝断在孔中，会造成永久性的破坏。

样品环管阻塞用反冲法排除或换新的环管。

有时注射器针头较脏，阻塞造成装样困难，看上去似乎有了故障，可将注射器取出用三氯甲烷或清洗剂清洗后重试，或者用另一根注射器试一下，最后才确定是否拆开阀清洗。

### 2. 注样孔的故障

这通常有两种现象：一是装样时针头周围渗漏，造成的原因可能是孔道阻塞或者放空管和样品环管太细、阻力太大，注射针头外围的密封管规格不对，注射器针头太细；二是在装样时注样孔渗漏，这可能是放空管有虹吸现象，转子密封面上孔之间磨损渗漏。为防止虹吸现象，放空管的末端不要没在放空瓶的液面以下，放空瓶中液面保持在阀水平线以下。如有必要在放空口上加一根

1 m 长、0.25 mm 内径的聚四氟乙烯限制管，或用钳子夹住放空管。转子横切面渗漏仅发生在一个位置（不是取样，就是进样），要换转子。

样品滞留现象表现为第二次空扳仍出前面样品的峰（小得多），其产生的原因可能有三种：第一，阀在进样位置停留时间不够，流动相未能完全把样品带到柱上，有部分样品还留在样品环管中。因此，要求在进样位停留的时间至少应是让流动相通过的体积是环体积 10～20 倍的时间。第二，残留样品留在样品环管中或注射器中，或者从放空管中虹吸回来，这样均能污染下一个样品。可用 5～10 倍流动相或新样品溶液冲洗注射孔和注射器，如有虹吸现象，则应加限制管。第三，接头有死体积能滞留样品，要冲洗干净很困难。应先检查装配情况，然后再确定换新的部件。

### 三、自动进样器故障和解决办法

自动进样器的故障是敏感的，也容易被发现。有时液相色谱系统出了故障而不能确定是否是进样器故障，可以用手动进样几次，或用一台好的自动进样器代替。如排除了故障，说明自动进样器有了问题。不同厂商的自动进样器差异很大，除了一些共性的故障外，一般要查阅操作手册或与供应商联系。

#### （一）样品小瓶的故障

这主要是指小瓶高度过浅能弯曲或折断针头；小瓶过深，针头不能抽取需要体积的样品（无样品或仅有部分样品进入样品环管），此时要调整针头正好停在瓶底。另外，小瓶不干净，或者该用玻璃瓶时使用了塑料瓶，可能出现多余的峰，甚至空白溶剂也会出峰，改用干净的玻璃小瓶会克服这类故障。

样品瓶的破裂是因支架或针头未调整好，注射式进样调整比较困难，但这类故障比较少。

在使用隔膜垫的时候，应防止样品瓶的污染。不合格的膜能引起污染，硅橡胶或类似的膜有时能被溶剂提出污染物。最好的膜是聚四氟乙烯膜压于硅聚合物膜上，聚四氟乙烯膜面朝向样品溶液，既能密封又不污染。

#### （二）样品支架相关的故障

通常表现为，没有调整好样品瓶或进样有差错。没有调整好样品支架会使针头弯曲或破坏样品瓶，支架弄脏或是传感器位置错误会引起进样偏差。找不到合适的支架位置，会造成支架不断运转或给出其他错误的动作。遇到这些故障时，一般要重新调整好传动机械或擦洗干净传感器。

如果进错样品，首先检查支架运转是否正常。如在小瓶上贴了标签，很容易判断；如没有贴标签或按照非标准顺序进样，最好用贴了标签的标准品小瓶进样检查。如果错误结果与样品小瓶的编号相符，那应检查是否贴错了标签或放错了瓶位。例如，实际操作中出现把 1 号样品报成 3 号样品的结果，如果这些情况的发生是偶然性的，重新放对瓶位即可，否则就要查手册或请厂商修理。

### （三）针头故障

主要是阻塞，根源是来自样品、缓冲盐、膜碎片或针头本身，故障的现象是色谱峰比预期的小或无峰。采用内标方法时，内标物对已知样品的比例仍恒定。可以用金属丝疏通或换新针头，改善处理样品的方法，大部分情况下需要更换针头。过滤样品、换用不同类型的针头和隔膜是经常采用的方法。

针头弯曲通常是针头碰到了瓶盖或是碰到了瓶底，此时要调整升高针头或降低小瓶的机械，让针头到达瓶底之前停下来，弯曲的针头一般都换掉。针头碰到了瓶盖可仔细调整支架，让瓶中心正对着针头。

用钝了的针头有时会弯曲，不能整齐刺破膜，膜碎片易阻塞针头。如发现针头钝了，应及时换上新针头。

### （四）管件的故障

主要是因微粒、隔膜碎片或管路太细引起的阻塞。如阻塞发生在进样阀低压一侧（针头连接管），很可能是微粒引起的，表现为峰变小或不出峰。如阻塞发生在高压一侧，引起压力升高，可从柱头开始朝进样器逆流清洗，依次松开接头，一直找到系统压力下降为止。在哪一个接头压力下降，阻塞就在这个接头向下的地方。有时可借助泵反冲流通疏管子，但多数情况要换新管路。如果一再发生阻塞，应考虑在进样器前加过滤器。

在顶替法进样中，空气压力过低或过高的缺点已在前面讨论过，这里仅讨论用气动阀切换进样（本是电动马达）的压力情况。压力不足使阀转动慢，引起系统压力高，可能因超压而停泵。除了升高压力或改用氢气源外，还要考虑转子不能太紧（以致转动慢）。增加压力（如 4 MPa）有利于阀转动，但对阀的冲击大，加快转子垫圈的磨损，为此合适的压力应不超过 6～7 MPa。

### （五）注射器故障

主要表现在自动进样器上的注射器规格不对，可能抽过少或过多（抽过头）样品。如用完全装液法会发生样品环中未装满样品，因冲洗不彻底样品滞留，或空气进入到样品环管中。如采用部分装液法，进样的样品量不正确，此时要换用校正过的合适的注射器。如果驱动注射器的机械未调整好，也会有上述类似现象发生。注射器漏气或破裂，会造成取样不足或根本取不到样品，可拧紧密封针芯的螺丝或换新注射器。

如进空白样品出现了"色谱峰"，而进样品时，发现样品响应大为减小（小于 5%），此时表明进样系统发生了样品滞留现象。自动进样：器进样出现样品滞留现象时应加倍清洗，或用大样品量清洗，或调整样品瓶的进样次序（开始是低浓度的，高浓度的放在后面，较低浓度的样品不会影响高浓度样品精确度），也可在样品小瓶之间放装有清洗液的小瓶。

对于测定结果准确度或精确度不高应找出原因。先用手动进样方法（用精确的进样器代替），如果结果精确，表示原进样器有问题，如结果仍然很差，应考虑是样品预处理或是液相色谱系统的其他问题。

如果误差是恒定的或所有的样品都差不多（如加 15%），可能是自动进样器校准不好。可用不同体积的未知浓度的样品检查校正曲线是否经过原点，用部分装液法时要考虑留在针头和连接管中的样品。要很准确地知道进入样品环中的样品体积（部分装液法）是很困难的，用完全装液法误差仍很大，建议需要时采用内标方法以克服进样的相对误差。

如果误差是偶然的或不规则的，可能有漏气。顶替法进样由于样品量小（小于 5 μL）精确度差，应稀释成大体积样品用完全装液法进样。因漏气引起的误差，可以上紧相关的接头，换掉可疑接头。在顶替法进样中，气源压力不当也可引起偶然误差，问题不能解决就用内标定量法补偿这种变化。

许多自动进样器已装上自检诊断系统，可监测所使用的某些参数的变化。如果自动进样器失灵，错误的信息可在控制屏幕上显示出来，或响起警铃。此时应查阅操作手册，予以纠正。

# 第五节　色谱柱的维护和故障排除

## 一、故障与解决的办法

选择了一根好的柱子，再加上有效的维护与预防，可以避免不少意外故障的发生。当然谁也不能保证色谱柱"永远"不出故障，任何一根色谱柱最终都会因为柱效下降直至报废。柱损坏的标志是：塔板数下降，峰形变坏，压力增加，保留时间变化。有时往往是几种情况伴随着同时发生。

### （一）塔板数下降

在色谱柱使用过程中，塔板数会不断下降。一般情况下，进 2 000 个样品后柱效 $N$ 值要降低 50%（但也不能一概而论），而用 $C_{18}$ 柱梯度分析氨基酸，进 100 个血清样品之后，柱效就下降 50%。这两种情况的差别之所以这么大，关键在于处理样品的方法不同。

如果柱效很快下降，应考虑上节所提到的人为不利因素。$N$ 值突然下降（如一个工作日内），应考虑柱头塌陷或进了不合格的样品。如果使用了不同系统的色谱柱造成柱效下降，是某系统中存在柱外效应。新建立的方法中柱效下降，可能是样品和其他内在因素引起。此时要采取相应措施，防止继续给柱造成危害。

### （二）峰形变坏

出现拖尾峰、分叉峰或非高斯峰的原因很多，但总是与塔板数骤然下降联系在一起的。峰形变坏而保留时间不变，多半是柱受到阻塞（不锈钢烧结片），或者柱头有了空穴。

### （三）压力增加

和柱塔板数不断减少一样，在使用过程中柱压慢慢增加，可视为正常。如果压力一下子增加过高，应考虑两种可能：一是样品沉积在柱内，一是柱内硬件阻塞（未考虑系统其他部分的阻塞）。

对于第一种情况，要用能溶解所用样品的溶剂冲洗。冲洗时拆开柱与检测器之间接头，正向冲洗或将柱出口接在泵上反向冲洗（如果柱条件许可），使用大约 30～50 mL 溶剂。不要让冲洗液通过检测器流动池，以防污染。在冲洗过程中不断检查，直到压力恢复正常为止。如冲洗无效，应该考虑是第二种情况，先换烧结不锈钢过滤片，拆下柱，拧开柱头上的压帽，持垂直方向小心取出不锈钢过滤片，换上新的（不是洗过的旧滤片）。换滤片时尽量不要搅动柱头填料，如有塌陷，可用同种填料加乙醇调成糊状补平柱头，压紧，压平，柱性能可恢复如前。如果柱头填料已脏，可挖去 2～3 mm，用新填料补平。

### （四）保留时间的改变

保留时间的变化指两种类型的情况，第一种是同一根柱样品间的保留变化，第二种是不同柱之间的保留变化。第一种类型留在后面讨论，第二种类型主要是填料的差异造成的，许多实验室都会碰到，现讨论如下。

不同牌号的色谱柱分离的色谱峰保留时间可在小范围内移动，但峰的顺序和分辨率不变，可改变流速或溶剂强度（反相色谱加水调节）进行校正。如果谱图中色谱峰顺序发生了变化，或者两峰重叠在一起，问题就比较严重。保留时间发生大的变化，主要由柱填料硅酸相互作用所致，另外有次级保留因素的影响。硅胶为基质的填料表面含有硅醇，有的封尾填料可部分去掉硅醇，不封尾填料的硅胶表面硅醇基更多，酸性或碱性分子可与硅醇发生不同程度的相互作用。硅酸与样品分子作用的强弱，因不同批号的硅胶和不键合相填料而异，即使同批号的硅胶而不同批号的键合相也有差异。硅醇对阳离子或碱性样品影响最大，参照下列要求做可以减少色谱柱之间保留时间的变化。

（1）仅用同一厂商的柱。实际上不具可操作性，但最起码作某一专门分析方法时要用同一厂商的柱。

（2）设计分离条件，使保留值变化最小（建立标准的方法）。

（3）选用液相色谱系统或色谱柱对次级保留因素（外界）灵敏度最低。

（4）换新柱时调整分析条件保持旧柱的保留值（改变条件）。这一步工作是必不可少的，在长期的常规分析中，不会从头至尾用一根柱，中间总要换新柱，每换一次，都应仔细地调整各组分的保留。

在实际工作中，应考虑到可能会发生什么问题，怎样预防这些问题的发生。

第一，前面提到的作某一专门分析尽量用同一批号的柱。也可与厂商接洽，提出特殊的要求。

第二，选择硅醇影响最小的分离条件，减少柱间的差异，如在流动相中添加三乙胺抑制硅醇的作用。

第三，许多色谱工作者认为，在流动相中加入离子对试剂更能抗硅醇的干扰，使保留具有更好的重复性。

不管什么情况下，引起保留值的明显变化都应该改善分离条件，改善特别差的峰的分辨率，应使保留值稳定下来。例如用梯度洗脱分析体液中的氨基酸，这种复杂的样品有20多个组分，保留稍有变化可能对分离就产生灾难性的结果。一些极端组分，如偏向酸性或碱性的组分很易发生保留值的改变，应用不同流动相的组成、pH和缓冲液的浓度，可以改善关键色谱峰间的分离。色谱峰分辨率变差，可能会系统地改变保留值。

## 二、延长柱寿命的方法

一根柱到了不可使用的时候应更换。"不可挽救"这个概念在许多色谱工作者的认识上不完全相同，有人认为只有当柱的压力增高到系统不可承受的地步才考虑报废，只要压力在可接受的范围内总要设法修补，以延长柱的寿命。另外也可以从分析高要求的样品改作分析低要求的样品，从分离多组分的样品改作分离单组分的样品、从分离介质复杂的样品改为分离介质相对简单的样品。实验室最常用的延长柱寿命的方法是修补柱头、换不锈钢烧结片、冲洗、倒冲柱。

修补柱头和换不锈钢烧结片常联系在一起，前面已简单作了叙述。去掉过滤片后发现柱头塌陷或填料被污染，可用无水乙醇调成糊状的同种填料（挖去脏填料）填补柱头。用与柱内径相同的、顶端平而光滑的不锈钢杯或聚四氟乙烯棒压紧，再填平，再压紧。反复3～5次，最后用无水乙醇将柱头四周润湿几次，擦干净柱外壁的填料，加上新过滤片，拧紧接头，接上泵冲洗，而后再接检测器。如果塌陷很深，或者挖去的脏填料很多，填平柱头后接上泵冲洗15 min再拆下柱填平。再接上泵冲洗，反复数次可恢复大部分柱效。有时还应该用比较高的流速才能有效。

修补过的柱一般不能恢复到原先的柱效，刚开始修补数次效果不错，随着修补次数的增多，维持一个短时间又要修补。到了后期键合相随硅胶的溶蚀而流失，加上化学物质的腐蚀，此时再也无法修补了。

对价格高的柱一定坚持自己动手修补，如排阻色谱柱不随时间而改变保留，仅需比较低的分离条件，稍为修补就可解决问题。

倒冲柱也是经常采用的维护措施，不提倡新柱倒冲柱。色谱柱用到中后期，而且修补过多次后才考虑逆向反冲。可在倒冲柱前填平原柱头的塌陷再冲洗，也可倒向冲洗后再填平柱头（原柱出口），后者效果好一些。柱逆向使用后柱效损失较大（约40%～60%），常常可以倒过来再倒过去，只要不破坏柱床，效果还不错。倒冲柱前要检查柱两端的烧结过滤片情况，防止烧结过滤片（原柱头）承受过度压力，填料被泵打出。

在采取以上措施时，冲洗过程应伴随始终。

有少数实验室自己装柱，或请厂商装柱。柱硬件都是用过的旧柱，这可节约50%的经费，但有时也碰到一些麻烦。柱内壁未经再抛光处理，柱壁效应比较大，分辨率降低，或也拖尾峰。重装柱后卡套易松动，整个柱头渗漏。可借助于聚四氟二烯软膜密封，但已不能承受较高的压力。

对有些柱重新处理是值得的，但有些则无价值。除考虑价格外，还要考虑实际工作要求。任何柱都可以修补数次，样品处理好、流动相温和、压力中下可以减少修补柱的次数，柱压升高超过系统所承受的限度就要报废柱。实验室内要备有不同类型的散装填料（$C_{18}$、硅胶），用同类型、同粒度的填料修补柱头效果好。如果手头没有所要求的填料，可以用其他填料代替，这比用柱头塌陷的柱要好得多。

# 第六节　检测器的维护和故障排除

本节仅限于讨论 UV 检测器的有关故障，但也可应用于其他类型的检测器，因从故障维修的角度来看很多方面是相似的，比如检测池的故障差不多都是气泡、污染等原因造成的。在清洗和调整不同类型的检测器之前应仔细查阅操作手册，特别在光路部分，切勿贸然动手。

## 一、灯故障

灯故障包括灯失灵（灯衰老）和由灯引起基线噪声。

### （一）灯失灵

本书所讨论的检测器（除 EC 外）中灯是重要部件。灯失灵，明显地引起检测器信号总下降。多数检测器有观察部件或指示器，由此可看见灯工作的情形，但不可以直接观察紫外灯（氘灯、汞灯等），因紫外线会损伤眼睛。

### （二）基线噪声

这是比灯失灵更普遍的故障。氘灯打开后有 30 min 的最大噪声，所以每次使用前至少预热 30 min。使用时间长了灯也会增加噪声，氘灯最明显。氘灯正常寿命为 400～1 000 h，而汞灯和钨灯可以有 2 000 h 以上的寿命。在色谱图中，新出现短噪声信号并伴有偶尔的长噪声尖信号，表明是灯失灵了，可用下列办法确证噪声的来源：（1）在标准的参考条件下重新走一下色谱基线，限制试验的可变量；（2）用确信没有问题的检测器代替可疑的检测器（取代规则），以确定是否是检测器的问题；（3）换灯（虽然灯的价格较贵，但换灯比用其他方法寻找故障更容易些）。如色谱图中老出长噪声尖信号，可停泵或设流速为 0 mL/min 分辨出噪声来源。若是气泡引起的尖噪声，停泵后就不再出现；若是灯的问题，则停泵后仍然有噪声信号。值得注意的是，灯本身的噪声在开泵后会增加。

氘灯使用 6 个月以上可能已近寿命的期限，此时若出现反常噪声，换灯则是最为简单的步骤。氘灯有 6～12 个月的货架寿命，一般不贮备灯。当然实验室内有几台同类型的 UV 检测器，手中储备一个灯也是可以的。

值得注意的是，每一次换灯，都应该有记录。有些厂商在灯上安装了一个计数器，以记录灯使用的总时间；也有的厂商给灯装一专门的电子回路，以延长氘灯寿命，使其可达 5 000 h 以上。

### （三）换灯

换灯时注意不能在灯上留下指痕。因为未擦去的指痕在开灯后会引起灯表面永久性的损坏，应该用软布或专用纸巾握住灯在开灯之前用棉签蘸甲醇擦去指痕。按操作手册的要求检查灯是否匹配，新装的灯至少要"点燃"1 h 以上，才能开始定量分析。

## 二、流动池故障

### （一）气泡

这是最常见的故障。瞬间而过的气泡会在色谱图上出现长噪声尖峰，滞留在检测池内的气泡会使记录笔一直向一边偏离且带有小毛刺。不光是 UV 检测器，其他类型的检测器也有这种现象。若感觉到有气泡滞留在池内，应当将灯点亮并调波长至 670 nm 左右，便可看到池内有一个圆环，并不是清晰的绿色图像（此时应戴上防护目镜）。

流动相脱气不足会产生气泡，池污染会使故障加重。

用充分脱气的流动相通过池可以带走气泡，流过池后的流动相中空气浓度大于在池前的流动相浓度。需要时，可以在检测器出口加一限制器，使之保持一定的反压（采用 1 m × 0.25 mm 内径的聚四氟乙烯管），防止流动相在检测池中产生气泡。另外，可以采用的方法是在检测器后面接一根旧（短）柱，但压力不能太高，否则会引起色谱参数的变化。任何情况下，检测池系统使用的压力不能超过厂商规定的压力限，超过压力可能引起池破裂。在检测器放空管道中，偶有气泡是正常的，并不表明出现了什么故障。

在池中存在不相溶的溶剂也会出现与产生气泡相同的故障现象。如果系统先使用反相系统，不经很好的冲洗又接着用正相系统（或反过来）都会发生"气泡"故障。一旦不相溶的溶剂"气泡"滞留在池内，冲洗出来的过程非常缓慢，要选用两者（正相和反相）都能相溶的溶剂冲洗，如异丙醇是一种很理想的溶剂。

如果缓冲液反相流动相被正相流动相所污染，产生缓冲盐沉淀，可用 5 倍柱体积的非缓冲液反相流动相冲洗系统，再用 10 倍柱体积的强溶剂（如乙腈）通过系统，最后用 50 倍柱体积的异丙醇冲洗系统，以除去所有滞留的流动相和溶剂残留，换上反相流动相冲洗，使系统重新平衡。如果正相流动相被水溶性溶剂所污染，先用 50 倍柱体积的异丙醇冲洗，而后用正相流动相冲洗。在分析样品前，最少要用 10 倍柱体积的最终流动相冲洗系统。

### （二）检测器阻塞

检测器阻塞的现象有：系统压力增高，松开检测器进口的接头压力降至正常水平。检测器部分有三处易发生阻塞，即进口管路或热交换器、池本身和出口管路。因阻塞造成压力显著增加，虽然用一般的净化方法去掉阻塞可能不奏效，但值得一试。如用注射器回抽池中的溶剂受到很大的阻力，说明阻塞相当严重。若是厂商标明池能耐高压，可用泵打溶剂反冲，这样常可去掉阻塞。压力不要超过 6～7 MPa，正常的池不可用此法。

用以上方法试验仍不能成功疏通检测器通道的阻塞时，则要进一步确定阻塞发生在何处。可以拆下来检查，进出口管路阻塞与池无关。若进出口管路是通的，则可能是池本身阻塞了。

进口管路是最易发生阻塞的地方，用小径的管路（0.25 mm 内径或更小）可以挡住进入检测器的微粒，但有下列情形者在进口处可发生阻塞：（1）自己填装的柱在出口处留下填料微粒；（2）修复柱时逆向反冲的时间不够就接到检测器上；（3）逆向反冲时原柱头密封性能不好，填料漏出。如果阻塞循环发生，应在柱和检测器之间安装一个没有死体积的在线过滤器。拆下进口管路反接到泵上反冲，可以疏通阻塞（出口不要对准眼睛或裸露的皮肤、高速粒子冲出速度很快）。对一些顽固性阻塞而又不能从池上拆开的管路，可从管路进口处锯掉大约 1 cm 长的管子。当然，这不是一种可接受的方法，每次操作后会使管子变短，还涉及换卡套，如果管子表面不光滑、密封不严等会造成渗漏。若用以上方法都不能疏通进口管道，应考虑更换新管子或请厂商修理。出口管路阻塞，也可参照上述方法进行处理。

### （三）池阻塞和清洗

若已确定是池阻塞，可用注射器回抽溶剂或用泵反冲（耐高压池）一般都能疏通。通常，池阻塞的故障比较少见，而池的污染经常发生，不清洁的样品或样品中的组分在池窗上积聚，都会造成池窗污染，造成色谱图的噪声增大，也提高了气泡故障出现的频率。遇到池被污染就要着手清洗池（硝酸法），清洗前先拆去柱和排空管路，准备好防护用品，如眼镜、围裙、橡胶手套等。池进出口处都接上细管径的聚乙烯管进口管上接 10 mL 的注射器，出口管没入异丙醇中，清洗程序为：（1）回抽 10 mL 异丙醇通过池去掉残留流动相；（2）回抽 10 mL 蒸馏水；（3）回抽 10 mL 6 mol/L 硝酸（50%硝酸/水），通过池去掉沉积物（此步应十分小心，备有防止酸溢出的应急措施）；（4）回抽 20 mL 蒸馏水；

（5）用至少 100 mL HPLC 级的水正向通过池。

用以上方法清洗好池后，如果使用反相系统分析就可以直接接上系统打入流动相；若使用正相系统分析，在接上系统前，应先用 10 mL 异丙醇洗去池中的水。

通过池反向回抽清洗液的优点在于：（1）保持了负压，减少了硝酸喷出的可能性；（2）有利于在正向卡住的微粒被逆向冲出；（3）减少池由于压力过大而损坏或渗漏的可能性。

检测器池渗漏可能发生在接头上、池窗的密封垫上，也可能发生在样品池或参比池的一侧，或者使石英窗破裂。除了接头松动外，池渗漏也可能是管道阻塞、流速太高、池后的阻力大，使池的横截面承受过高的压力，严重时引起池破裂；还可能是组装不当、垫圈不密封造成渗漏。垫圈渗漏要更换或重新组装检测器，池破裂要更换检测池。一定要参阅操作手册，进行仔细、严格的操作。

### （四）测量和参比失配

一般情况下，UV 检测器用空气来作参比，即参比池中只有空气。在电路设计上也无须扣除流动相本底。在一些场合下，用有紫外吸收的流动相通过 UV 检测器，或者用示差折光检测器就都要在参比池内注满流动相。若参比池中流动相不与测量池中的流动相匹配，本底输出信号不为零，进样时有可能出现伪峰或倒峰。从湿参比池换成空气参比池时，要先清洗干净然后用干燥氮气气流吹干，不能留下溶剂残迹，因为残留的溶剂将会出现类似于"气泡"的故障。

## 三、波长方面的问题

多数色谱工作者不太注意波长方面的问题，特别在使用过程中发生了故障。很少想到波长方面有什么问题，其实波长本身以及波长选择等方面的问题，对不良的实验结果有很大的贡献。

### （一）次级发射效应

一些可变波长紫外检测器的设计上，在可见光范围内，用氘灯作光源可提高灵敏度，但会带来次级发射效应。单色器能发射比设定值高一级的发射光，正好是设定值的一半。如设定值 405 nm，次级发射光正好 202.5 nm，三级发射光低于干扰波长。由大气中的氧所吸收，所以构不成问题。次级发射光正好在紫外光范围内，即检测器是在两种波长下监测。违反比尔定律，结果是非线性的。

在荧光检测器中，也有次级发射的问题。用单色器选择激发波长时会同时产生两种激发波长（一级和二级），而不是单波长。用无衍射光栅滤光片荧光检测器，就不出现次级波长。

### （二）检测波长选择不正确

检测器波长的选择可影响试验结果的精确性，如有可能，应选在干扰组分的吸收光谱平稳的范围或者组分的最高吸收处。

初建方法时应先查阅测定组分和干扰组分的波长，既要照顾到灵敏度（最大吸收波长），又要考虑到稳定性问题（选在平稳处）。如果所选波长太靠近流动相的截止波长，梯度洗脱时会增加基线的飘移，遇到这种情况可用较高波长或更换流动相。

### （三）选择波长不准装置落后

可变波长的 UV 检测器采用机械转动光栅选择波长。旋转和光栅间的传动装置由齿轮和杆组成，用久了会有机械磨损，所选的波长并不真正等于刻度盘上的波长。避免选择波长不重复的最好方法是每次用相同的技术，如每次选一个新波长，总是先转到少于新波长的 10 nm 处，这样波长重复性会好一点，可以不考虑选择波长精确度的问题。

### （四）波长校正

检测器的波长要经常校正，否则会得到意外的结果，兹介绍三种方法：

（1）对于氘灯的校正，可先将刻度盘调到 640 nm 波长，慢慢衰减检测器到 0，记录笔停在记录纸满量程的 80% 处，再慢慢转动刻度盘到 675 nm。如果检测器校正正确的话，在 656 nm 处有一最小吸收，在 486 nm 和 582 nm 也有类似的反峰，但较弱，经常难以发现。

（2）按操作手册要求用重铬酸钾在 275 nm 和 350 nm 校正吸收波长。

（3）用氧化钬滤光片自动校正波长（安捷伦公司二极管阵列检测器）。

## （五）低波长测量

采用低波长（小于 210 nm 时）检测故障更多，这是因为样品和流动相组成的变化比在高波长下检测更灵敏，所以应选择低截止波长小的溶剂作为流动相（如乙腈好于甲醇）。如选用的流动相吸收波长接近于截止波长时，基线飘移很大。在小于 200 nm 的波长检测，会在检测器光路中积聚臭氧而增加噪声，需用 $N_2$ 或 He 不断清扫单色器。为增加灵敏度常在低波长下检测，将得到比在高波长下检测更为复杂的色谱图。

## （六）单色器的保养

单色器密封于一个小单元内，擅自打开单色器，工厂的保单就失效了。单色器内无用户要维护的部件，仅能由厂商专门修理。经多年的使用后，单色器中的光栅和镜子可能蒙上一层污染物，怀疑这方面的问题时应请维修工程师修理。应经常保持单色器进出口窗的清洁，为此可常用棉签蘸甲醇擦去窗上的指纹、污渍和雾气，然后吹干（清洁检测池也用此法）。

# 四、其他故障

## （一）时间常数

时间常数实际上是响应时间的设定，起着过滤噪声的作用。有些检测器有固定的时间常数，有些检测器需设定时间常数。时间常数太小（太快）可能增加短噪声，时间常数太大（太慢）可能出宽峰、拖尾峰和矮峰。可用自己的经验估算时间常数，即选最窄的有关峰宽的 10%作为时间常数。对多数分析而言（15～25 cm 长、4.6 mm 内径柱、5 μm），0.5 s 或 0.1 s 的时间常数比较适宜，小颗粒短柱要用比较小的时间常数。

## （二）泵噪声

UV 检测器折射率的变化与流动相的组成、压力以及温度有关，泵有脉冲引起压力变化。也引起流动相折射率的变化，通过流动相的紫外光传导也有变化。多数 UV 检测器因脉冲阻尼器、热交换器和检测池的特殊设计，可以很大程度地避免因泵脉冲引起的变化，使检测器处于良好的运行状态。有些检测器的周期性波动与泵的脉冲周期一样，要加一个阻尼器改善基线波动。如 RI 检测器对波动十分敏感，必须加阻尼器。

### （三）温度的影响

环境温度变化常引起基线漂移。流动相温度变化会引起折射率改变，紫外光的传导也会改变，柱温的变化会引起基线的漂移。液相色谱系统应放在空气流通的环境中，既不要隔绝空气，也不要空气流动过大，还要远离加热管道。多数检测器加了热交换器防止基线漂移，小体积的池（小于 8 μL）为克服死体积问题一般不加热交换器，可用下面的方法检查温度对检测器的影响：调检测器为最大灵敏度，打开记录器，用拇指和食指夹住进口管加热，或包上冰块冷却。如果基线漂移，说明进口管道需隔热处理。用隔热材料包扎或套一根聚乙烯管在进口管上，能取得满意的效果。

### （四）混合问题

流动相不完全混合可出现周期性的基线变化，在示差折光检测器中更为严重。可通过改变流动相的组成得到证实，新的周期性的变化对应新的混合物。在第五章中已详细讨论了这方面的故障及解决办法，如果线上混合（低压和高压）不理想，可改用手动混合。

### （五）线性问题

因检测器或方法上的问题，非线性响应是可能的。如仔细稀释样品，选择波长，良好的方法可以延长线性范围。检查线性要在一定的浓度范围内，用不同浓度的标准品证实线性的相关性，经常会出现超出检测器线性范围的问题，如进大样品量就可能超出检测器响应的线性范围。当然，有时样品量明明在"安全"范围也可能非线性，那是因为检测器衰减过了它的线性动力学范围。如某检测器的线性到 1.5 AU，实际设定在 2.0 AU，虽然样品峰还成比例，但实际上已超出线性动力学范围。解决这个问题只有减少进样量，如稀释或进小体积的样品，尽量在线性动力学范围内检测。

样品丢失或柱的干扰也会引起线性问题，这与检测器无关。采用部分装样法，进样体积超过样品环管体积的 50%，进的样品量有差异或稀释程度不同可能是非线性的。

用几乎澄清的溶剂作流动相可扩展线性范围，用强紫外吸收的流动相时检测器线性范围不到零，建议用无吸收的流动相，或在流动相无吸收的波长下操作。在检测器中用宽的光通带或在吸收变化不稳的波长下检测，不遵守比尔定律，会得到非线性结果。波长要选择在最大吸光度附近，且光通带小（如二极管阵列检测器）。

### （六）信号线故障

信号线故障主要产生在记录器和数据系统，是连接检测器的信号线引起的。信号线接插不紧，接触不良，尽管有足够的样品而信号很弱，有时还会有不需要的噪声。此时可以按照专门的资料（如仪器有关安装手册）进行正确的连接。

在地线问题上不可掉以轻心，仪器的外壳和信号线的接地很严格，接地不良时会出现基线噪声很大，接错线时会造成短路，会烧坏仪器，应遵循有关操作手册进行操作。

### （七）检测器内部自检

许多检测器有内检程序，用于检查检测器的电路和光路部分。

# 第七节　仪器的其他日常保养维护方法

## 一、建立记录

系统维护的最终目的还是为了使色谱系统的故障率减至最小，以及避免在运转和移动中使系统发生全局性的故障。虽然我们不可能完全预防故障的出现，但是可以减轻因此而造成的麻烦。为了缩短停工的时间，需要建立专门而完全的维护记录。这就意味着随着每次试验，在系统记录本上都有仪器状况与维护记录。各实验室对于这些记录会有自己的要求和方式，建议至少要有 3 种最基本的记录：（1）系统使用记录；（2）色谱柱记录；（3）个人实验记录或测定样品记录。也有人主张采用两种记录：系统（含有柱）使用记录和个人实验记录。

### （一）系统使用记录

实验室中的每台液相色谱系统和气相色谱系统都应备有专门的记录本，可以记录以下的内容（以液相色谱系统举例）。

（1）系统中各组件的商品牌号、型号、系列号、购进日期、安装日期、每个组件的许可证信息（例如，自动进样器、泵、色谱柱、检测器、数据处理装置等）。

（2）测量标准参数和标准色谱图。要注意流动相、流速、压力、温度、检测器的参数、样品量等。

（3）使用记录：日期、工作内容、开机时间、样品数、仪器性能评价、操作人员。

（4）维修记录：日期、原因、修理人员、修理结果。

（5）换色谱柱：牌号、种类、尺寸、系列号，与前一根柱的标准参考色谱图比较。

（6）换部件：日期、原因、型号、系列号，做一次标准参考色谱图比较。

**（二）色谱柱记录**

色谱柱是液相色谱分离中的关键部件，故要在此单列出色谱柱记录。这是为了要尽量设法延长色谱柱的使用寿命，而且它也有助于查找每根色谱柱的使用经历。色谱记录可以包含下列内容：

（1）种类、牌号、系列号、启用日期：按照商家提供的标准参考条件测试并记录流动相、流速、压力、$N$ 值、$t_0$、$t_r$、$R_s$、$A_s$（色谱峰不对称因子）。

（2）使用记录：仪器、样品种类、数量，操作人员。

（3）贮存记录：保存溶剂（绝对禁止用缓冲液）、是否加保护盖、报废后是否重新又使用过。

（4）维修记录：日期、原因、措施（如反冲、烧结板的置换）、维护人员。

（5）对色谱柱的重新评价（如果需要）：按厂家规定的标准条件、操作人员。

（6）使用总结：色谱柱寿命（以月计）、分析样品数目、损坏原因、对于延长寿命的建议。

编写记录是为了查询色谱柱的使用经历，操作人员可以由此推断出色谱柱损坏的原因—系统造成的损坏、实验程序有误、流动相不合适、样品的污染，以及操作者的经验等。一旦能查到原因所在，就可以采取措施来降低故障发生率。例如，调整好系统、完善分析系统、培训操作人员，以便做到尽可能地延长色谱柱的寿命。

### （三）个人实验记录

个人实验记录要记录工作中所有的详细内容和结果，并应对照上述两种记录，以免重复记录，有代表性的色谱图也应该保存下来。为了避免记录本的体积过大，也可以按照时间顺序将记录保存在文件夹内。当需要重复过去的实验结果时，可以很容易地得到所需的资料，包括各种样品的 ID 表、合适的溶剂、色谱柱等分析条件，这些信息对于追溯色谱图中出现异常情况的原因尤其有效。例如，个人实验记录可以帮了解使用溶剂的批号对于色谱分析的影响；可以了解纯化水系统工作是否正常、色谱柱是否失效或者其他的问题。结合色谱柱记录，可以清楚地了解色谱柱使用情况以及其他原因造成的色谱柱的失效。

个人实验记录可以记录如下内容。

（1）操作条件流动相的配制（包括体积、pH、过滤、贮存等）、流速、温度、检测器、各种设定的操作程序。

（2）样品预处理的方法。

（3）分析实验程序包括样品体积、选用标准、执行程序。

（4）数据处理程序。

（5）分析结果和报告各种数据、资料、色谱图。

（6）实验现象的观察结果。

（7）仪器设备的各种唯一性标识（同上述两种记录）。

## 二、备件和工具箱

（1）备件

根据（液相色谱系统）备件对停机待修的影响程度备件可分三类：① 必备件；② 备用件；③ 可能需要的备件。

（2）必备件包括每天都需要的消耗品和无法估计而又经常损坏的备件。比如，保险丝、进样注射器、泵垫圈等随时都可能损坏，往往会中断十分紧急的样品分析，因此要做到随手可取。

（3）备用件比必备件用量少。保存一两根分析柱在手中，可以代替正在使用而又怀疑有问题的柱。备用件的重要性次于必备件，无保护柱或预柱也不会马上影响工作。

（4）可能需要的备件这类备件损坏率低，用量也少，有些也没有必要积存。如检测器灯有货架寿命，可根据经济能力备置。

（5）工具液相色谱系统故障排除及维修需要合适的工具。有些工具是厂商配的，有些是实验室添置的。除了厂商提供的专用工具外，液相色谱实验室必备的工具还有：① 不同规格的扳手（公制或英制）；② 平口和十字口螺丝刀；③ 镊子；④ 不锈钢匙（修补柱头用）；⑤ 秒表；⑥ 计算器。

根据情况还应备有下列工具：万用电表、电烙铁、钳子、什锦锉刀、皮带冲子等。

以上都是些普通工具，但也要求使用人要有一个工具箱，随时锁起来，以防临时找不着。要注意购买合格的工具，那些不合格的工具可能会把部件损坏。还注意不要用活动扳手去卡住部件的棱角部分，扳手松动也会损坏部件。

# 第五章
# 液相色谱法样品预处理

在复杂基体中低浓度有机化合物的分离和测定是分析化学所面临的一个挑战。虽然分析仪器的自动化程度日益提高，但在发展分析方法的同时，人们或多或少忽视了样品的预处理问题。然而在分析复杂样品，如血清或废水时，由于样品预处理不当，会发生定性定量错误和色谱柱寿命缩短等问题。本章将对液相色谱法样品处理进行阐述，主要分为液-液萃取技术、液-固萃取技术、膜技术、衍生化和柱浓缩预处理技术几部分。

## 第一节　液-液萃取技术

液-液萃取最早被用于样品预处理，这一方法可把有机化合物直接萃取到与水不相容的有机相中。液-液萃取的基本原理是 Nernst 在 1891 年提出的分配定律：在一定温度下，溶质在两种互不相溶的溶剂分配时，平衡浓度之比为一常数，这个常数称为分配常数 $d$，在水-有机溶剂体系中：

$$[A]_0/[A] = d_A$$

式中，$[A]_0$ 和 $[A]$ 为有机相和水相中 $A$ 的平均浓度。严格地讲，式中的 $d_A$ 应为活度之比。当溶质在二相中的形式相同时，分配定律才适用。只有中性分子才可被萃取，而中性分子的活度受介质的影响较小，所以在应用分配定律时可用浓度代替活度。

实际工作中并不关心两相中溶质的存在形式，而是着眼于溶质分别在两相中的总浓度，两相中溶质的总浓度之比叫作分配系数 $D$。溶质在两相中的分配系数与选用的萃取溶剂，水相的 pH 和有机溶剂与水相的体积比值相关，液-液萃取的初始条件应尽可能选用溶质有较大溶解度的有机溶剂。如果溶质的液-液萃取回收率较低，可以通过连续几次的液-液萃取提高样品的回收率。但在实际应用中，通常采用过量的有机溶剂进行萃取，以节省操作时间。

## 一、萃取溶剂的选择

被测定化合物的相对疏水性将决定萃取溶剂的选择，用于液-液萃取的有机溶剂必须满足：（1）沸点低，以便可以在完成液-液萃取后很快可将有机溶剂挥发掉；（2）溶剂的黏度低，以便与样品的基体相混合。表5-1-1为按溶剂极性排序的一些常用液-液萃取的有机溶剂，其中有机溶剂在水中的溶解度是一个重要的因素，溶剂在水中的溶解度对萃取液中的共萃取干扰物质的含量有重要影响。一般来说，萃取的有机溶剂极性越小，萃取的选择性越好。因此，选择液-液萃取的有机溶剂在能溶解样品的前提下，极性应尽可能低。

表 5-1-1　一些常用液-液萃取有机溶剂的物化性质

| 溶剂 | 沸点/℃ | 溶剂极性（p'） | 水中溶解度/% |
| --- | --- | --- | --- |
| 正己烷 | 69 | 0 | <0.01 |
| 四氯化碳 | 77 | 1.7 | 0.08 |
| 环己烷 | 81 | 0 | 0.01 |
| 氯仿 | 61 | 4.4 | 0.82 |
| 二氯甲烷 | 40 | 3.4 | 1.30 |
| 1、1-二氯甲烷 | 57 | — | 5.03 |
| 乙醚 | 35 | — | 6.04 |
| 乙酸乙酯 | 77 | 4.3 | 8.08 |

## 二、pH 的控制

在液-液萃取中，萃取液的 pH 范围很宽，但所采用的 pH 应使被萃取的样品和萃取的有机溶剂（如乙酸乙酯）具有良好的稳定性。为了使萃取过程有良好的回收率，应当调节水相的 pH 使溶质以中性状态存在。如以有机酸为例，其在水相和有机相的分配过程存在以下平衡：

$$HL \rightleftharpoons HL_0$$
$$H^+ + L^- \rightleftharpoons HL$$

有机酸在二相的分配系数可表示为：

$$D = \frac{[HL_0]}{[HL]+[L^-]} = \frac{[HL_0]}{[HL]\left(1 + \dfrac{1}{K_a[H^+]}\right)}$$

图 5-1-1 是液-液萃取过程中水相 pH 影响乙酰丙酮分配系数的示意图。当水相的 pH 大于 p$k_a$ 时，分配系数迅速下降。有实验结果表明，一元羧酸在水相 pH 低于 3.0 时可以很好地被萃取到有机相中，而当 pH 大于 5 时，则主要溶解在水相中，很难被有机相萃取。利用 pH 对分配系数的影响，可以将有机酸或有机碱从水相萃取到有机相中，反之也

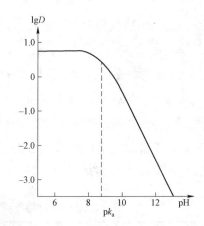

图 5-1-1　乙酰丙酮在水及苯中分配与 pH 的关系

可以把有机相中的弱酸、弱碱萃取到水相中。此外，还可以通过 pH 的调节，把样品分成酸性、中性和碱性馏分。

## 三、液-液萃取其他操作因素的控制

液-液萃取并不能对所有的化合物，如强极性化合物取得良好的萃取效果。但如果利用各种物理化学原理，有可能进一步扩展液-液萃取的应用范围。如强有机酸或有机碱，可以在水相中加入适当的反电荷离子对试剂，达到液-液萃取强有机酸或有机碱的目的。又如金属离子，通过在水相中加入螯合剂与金属离子形成疏水性的络合物达到萃取金属离子的效果。

在液-液萃取中经常遇到的问题是乳状液的生成。通常乳状液很难破碎，也很难由超声波和超滤分离。由于乳状液中溶解一定量的样品，因而往往会降低样品的回收率和重复性。通过严格控制二相的混合过程和增加有机相溶剂的体积可以部分或完全消除乳状液的生成。

液-液萃取的萃取液含有大量的有机溶剂，在很多情况下应将有机溶剂除去，通常通过加温或常温将有机溶剂挥发掉。由此产生的问题是：（1）污染大气环境；（2）在加热挥发时有可能导致被分析样品的热分解。因此在有些情况

下可通过盐析效应分离水和水溶性有机溶剂的原理处理萃取液，如盐析效应已成功地应用组胺 $H_2$ 受体的拮抗物西咪替丁，Oxmetidine 的样品预处理。把萃取后的有机相重新萃取到酸性水相中，加入大约 200 μL 乙腈，再加入 5 g 碳酸钾。加入的碳酸钾将增加水相的离子强度和极性，迫使含有溶质的乙腈在盐水相表面分层，将乙腈相回收后再进行分析。

在液-液萃取中，为了防止样品和溶剂的分解和氧化，某些情况下可在萃取液中加入适当的保护剂。如为了防止在氯仿中产生光气，在溶剂中加入 2% 的乙醇。另一值得注意的问题是所选用的有机溶剂中存在干扰分析的杂质，因此在某些情况下有必要对有机溶剂进行蒸馏。

# 第二节　液-固萃取技术

液-液萃取（LLE）有许多局限性，如需要大量不互溶溶剂、样品处理步骤复杂、样品回收率和精密度不理想、处理过程中乳胶的形成和溶剂蒸发时的样品降解生成的样品损失等。

固相萃取（SPE）方法采用高效、高选择性的固定相，能显著减少溶剂用量，简化样品预处理过程，同时所需费用也有所减少。一般说来，固相萃取所需时间为液-液萃取的 1/12，费用为液-液萃取的 1/5。固相萃取能用于气相色谱、液相色谱、红外光谱、质谱、核磁、紫外和原子吸收等各种分析方法的样品预处理。正因为固相萃取柱独特的性能，自 20 世纪 70 年代问世以来，其全球需求量迅速增长。

固相萃取主要用于样品分析前净化。其一般步骤是：液态或溶解后的固态样品倒入活化过的固相萃取柱，然后利用抽真空或加压使样品进入固定相。为了同时处理多个样品，往往需要一个固相萃取柱歧管真空装置。一般情况下，固相萃取步骤中将保留感兴趣的组分和类似的其他组分，并尽量减少不需要的样品组分的保留。保留的样品组分可用一溶剂冲洗掉，然后用另一溶剂把感兴趣的分析物从固定相上洗脱下来。

有时候，可以让感兴趣的组分（分析物）直接通过固定相而不被保留，同时大部分干扰物被保留在固定相上，从而得到分离。在多数情况下，使分析物得到保留更有利于样品净化。

一个固相萃取柱由三部分组成：（1）柱管；（2）烧结垫；（3）固定相。

柱管由血清级的聚丙烯制成，一般做成注射器形状。一些厂家也提供玻璃的柱管。柱管下端有一突出的头，此头的尺寸已标准化，可用于各种不同的固相萃取歧管真空装置。

烧结垫除能固定固定相外，也能起一些过滤作用。聚乙烯是常见的烧结垫材料，对于特殊要求也可采用特氟隆或不锈钢片。

固定相是固相萃取柱中最重要的部分，最常见的固相萃取固定相是键合的硅胶材料。不规则形状的孔径 60 Å 的 40 μm 硅胶微粒作为原材料，然后用各种硅烷将官能团键合上去，也有一些非硅胶基质的固定相被广泛应用。

固定相的分离选择性决定于可被保留的组分的保留强度，所以固定相的选择将取决于分析物质、样品基体和样品溶剂的性质。固定相重量一般为 100 mg、200 mg、500 mg 和 1 000 mg。为保证样品完全净化和充分保留，对脏的、复杂的或高浓度的样品处理应采用较大量的固定相。

储样器用于增加柱管上方的容器体积，能提高一次上样量（可达 75～100 mL）。接头用于连接柱管和储样器，针对某些特殊样品预处理技术，接头也用于连接两个固相萃取柱。

## 一、液-固萃取固定相和流动相

液-固萃取采用的固定相与液相色谱常用的固定相类型相同，表 5-2-1 是液-固萃取常用的固定相。

表 5-2-1　常用的固相萃取固定相及其保留机制

| 固定相 | 简称 | 主要肌理 | 次要肌理 | Si—OH 活性 |
|---|---|---|---|---|
| 乙基 | $C_2$ | 非极性/极性 | — | 阳离子交换 |
| 辛烷基 | $C_8$ | 非极性 | 极性 | 阳离子交换 |
| 十八烷基 | $C_{18}$（ODS） | 非极性 | 极性 | 阳离子交换 |
| 环己烷基 | CH | 非极性 | 极性 | 阳离子交换 |
| 苯基 | PH | 非极性 | 极性 | 阳离子交换 |
| 腈基 | CN | 非极性/极性 | — | 阳离子交换 |
| 二醇基 | 2OH（DIOL） | 非极性/极性 | — | 阳离子交换 |

| 固定相 | 简称 | 主要肌理 | 次要肌理 | Si—OH 活性 |
|---|---|---|---|---|
| 氨基 | NH$_2$ | 极性/阴离子 | 非极性 | 阳离子交换 |
| 硅胶 | Si | 极性 | — | 阳离子交换 |
| 一元和二元胺基 | PSA | 极性/阴离子 | 非极性 | — |
| 苯丙磺酸 | SCX | 极性/阳离子 | 非极性 | — |
| 丙磺酸 | PRS | 阳离子交换 | 极性/非极性 | — |
| 甲羧酸 | CBA | 阳离子交换 | 极性/非极性 | — |
| 二乙基丙基胺 | DEX | 极性/阴离子 | 非极性 | 阳离子交换 |
| 三甲基丙基胺 | SAX | 阳离子交换 | 极性/非极性 | 阳离子交换 |

其中，CN、DIOL、Si、NH$_2$ 都可作为正相的固定相。正相固定相都是极性的，用来保留（萃取）极性物质。对于正相和反相来说，组分在固定相上的保留或洗脱直接与溶剂极性有关，溶剂的极性决定溶剂的强度。在洗脱被保留组分时，强溶剂的用量比弱溶剂小。对于正极固定相，溶剂强度随其极性增加而增加。实际工作中经常使用一些溶剂的混合物来改善溶剂强度，以得到最佳的样品净化和分析物回收率。

如表 5-2-1 所示的 C$_{18}$(ODS)、C$_8$、C$_2$、CH、PH 都是反相固定相，用来保留（萃取）非极性的分析物。对于反相固定相，溶剂强度随其非极性增加而增加，通常使用水、甲醇、异丙醇和乙腈作为反相分离的溶剂。有些时候，对强保留物质也用丙酮或二氯甲烷洗脱。

离子交换固定相上的行为更多地取决于溶剂的 pH、离子强度和反离子强度，而与溶剂强度关系不大。

选择固相萃取最佳固定相时，须考虑以下几点。

（1）分析物在极性或非极性溶剂中的溶解度；

（2）分析物有无可能离子化，从而决定可否用离子交换固定相；

（3）分析物有无可能与固定相形成共价键；

（4）必要的组分与分析物在固定相结合点上的竞争程度。

分析物的极性与固定相极性非常相似时，可得到分析物的最佳保留。两者极性越相似，保留越好，所以要尽量选择极性相似的固定相。例如，萃取碳氢化合物（非极性）时要采用反相柱（非极性）。当分析物极性适中时，正、反相固定相都可使用。

　　固定相选择还受样品溶剂强度的制约。样品溶剂强度相对该固定相应该较弱，弱溶剂会增强分析物在吸附剂上的保留。如果溶剂太强，将得不到保留或保留很弱。举例来说，样品溶剂是正己烷时，用反相柱就不合适，因为正己烷是强溶剂，分析物不会有保留；当样品溶剂是水时，就可以用反相柱，因为水是弱溶剂，不影响分析物的保留。

## 二、固相萃取的影响因素

　　固相萃取一般有四个基本步骤：固定相活化、样品上柱、淋洗和分析物洗脱。

　　活化的目的是创造一个与样品溶剂相容的环境并除去柱内所有杂质。通常需要两种溶剂来完成上述任务，第一个溶剂（初溶剂）用于净化固定相，另一个溶剂（终溶剂）用于建立一个合适的固定相环境使样品分析物得到适当的保留。每一活化溶剂用量约 1~2 mL/100 mg 固定相。

　　无论固相萃取柱的来源或质量，未经活化都有可观的杂质存在。由于许多杂质能污染萃取后的分析物，故在样品萃取前必须除去这些杂质，除去杂质的最好方法就是用初溶剂洗去。初溶剂应该与洗脱溶剂一样强或强于洗脱溶剂，这样就可以除去所有可能与分析物一起洗出的物质；杂质除去不彻底，将导致最终色谱图上额外峰的干扰。

　　终溶剂不应强于样品溶剂，若使用太强的溶剂，将降低回收率，通常采用一个弱于样品溶液的溶剂不会有什么问题。在理想情况下，终溶剂应该与样品溶剂性质相似。例如，一个水样被 HCl 调节到 pH2，终溶剂（水）也应用 HCl 调节到 pH2。

　　值得注意的是，在活化的过程中和结束时，固定相都不能抽干，因为这将导致填料床出现裂缝，从而得到低的回收率和重现性，样品也没得到应有的净化。如果在活化步骤中出现干裂，所有活化步骤都得重复。

　　在建立固相萃取方法时，柱的活化经常被忽视。其实，不当的活化经常是低回收率、失败的样品净化或重现性差的来源。

　　上样步骤指的是样品加入固相萃取柱并迫使样品溶剂通过固定相的过程，这时分析物和一些样品干扰物保留在固定相上。为了保留分析物，溶解样品的溶剂必须较弱。如果溶剂太强，分析物将不被保留，结果回收率将会很低，这一现象叫穿漏（Breakthrough）。尽可能使用最弱的样品溶剂，可以使溶质得到最强的保留或者说最窄的谱带。上样时若有强保留，洗脱所需溶剂量小，也可减少杂质的洗出量，只要不出现穿漏，允许采用大体积（0.5～1 L）的上样量。

分析物得到保留后，通常需要淋洗固定相以洗掉不需要的样品组分。淋洗溶剂的洗脱强度是略强于或等于上样溶剂。淋洗溶剂必须尽量地弱以洗掉尽量多的干扰组分，但不能强到可以洗脱任何一个分析物的程度。溶剂体积可为0.5～0.8 mL/100 mg 固定相。淋洗步骤也能确保全部样品与固定相接触，因为上样时部分样品溶剂的小液滴可能还粘在管壁上，淋洗溶剂可把液滴全部洗入固定相。

有时候淋洗步骤也许并不十分必要，但淋洗总能得到更干净的样品，从而得到更简单的谱图和更长的 GC、HPLC 柱寿命。

淋洗过后，将分析物从固定相上洗脱。洗脱溶剂用量一般是 0.5～0.8 mL/100 mg 固定相，而溶剂必须进行认真选择。溶剂太强，一些更强保留的不必要组分将被洗出来；溶剂太弱，就需要更多的洗脱液来洗出分析物，这样固相萃取柱的浓缩功效就会削弱。

收集起来的洗脱液可以直接向色谱柱进样，也可以把它浓缩后溶于另一溶剂中进样和进一步净化。

在溶剂选择上还有几点值得注意，有时在上样、淋洗和洗脱时，一个溶剂太强，而另一个溶剂太弱，使用混合溶剂可以解决这一问题。通过改变互溶性溶剂配比，混合溶剂强度可以恰当地满足要求。

另一值得注意的问题是溶剂互溶性，后一种流过柱床的溶剂必须与前一溶剂互溶。一个不与柱内残留溶剂互溶的溶剂是不能与固定相充分作用的，当然也不会出现适当的液-固分配，这就会导致差的回收率和不理想的净化效果。如果使用互溶的溶剂有困难，就必须干燥柱床。干燥的方法是让氮气或空气通过柱床 10～15 min；把固相萃取管在 1 000～1 500 g/min 下离心 5 min，这样会产生比通氮或空气更好的干燥效果。

有时候固体样品必须用一个很强的溶剂进行萃取，这样的萃取液是不能直接上样的，所以萃取液要用一个弱溶剂稀释，以得到一个合适的溶剂总强度进行上样。例如，一个土壤样品，采用 50%甲醇萃取，得到 2 mL 萃取液，用 8 mL

水稀释，得到 10%的甲醇溶液，这样就可以直接上反相固相萃取柱而不存在穿漏问题。

离子交换固相萃取把离子相互作用作为首要保留机理，当分析物分子带有正或负电荷而固定相带相反电荷时，就会发生离子相互作用。常用的有两类离子交换固定相，阳离子交换相可保留带正电荷的或阳离子化合物；有机胺和羧酸并不带电荷，但可改变溶液 pH 使之离子化。阴离子交换相与阳离子交换相相反，它保留带负电荷的或阴离子化合物。

离子交换法三个主要的影响参数为 pH、离子强度和反离子强度。

首先必须知道固定相和分析物官能团的 $pk_a$。分析物的 $pk_a$ 值可以在文献上查到，或根据类似化合物的 $pk_a$ 值估计。常用离子交换固定相的 $pk_a$ 如表 5-2-2 所示。

表 5-2-2　离子交换固定相的性质

| | 主要肌理 | 次要肌理 | $pk_a$ |
|---|---|---|---|
| SCX | 阳离子交换/非极性 | 极性 | 2～3 |
| SAX | 阴离子交换 | 非极性/极性 | 11～13 |
| NH₂ | 阴离子交换/极性 | 非极性 | 9.5～10 |

在离子交换色谱中存在一个阴阳离子对：一个是固定相，另一个是带相反电荷的分析物。为使分析物产生保留，溶液 pH 必须低于正离子的 $pk_a$（以得到正电荷），而高于负离子的 $pk_a$（以得到负电荷）。要得到最好结果，溶液 pH 和阴离子或阳离子的 $pk_a$ 差值必须达到两个单位或更大。在这一 pH 下，大约 99%的适当离子基团将带上电荷。pH 与 $pk_a$ 之差小于 2 时，由于分析物和固定相被部分中和，保留将受到影响。基于以上考虑，分析物和固定相的 $pk_a$ 差别应该是 4 个单位或更大。而对洗脱过程来说，洗脱溶剂 pH 必须高于阳离子的 $pk_a$ 或低于阴离子的 $pk_a$。同样，pH 与 $pk_a$ 之差值也应是两个单位以上以得到最好结果。

离子强度是溶液中所有离子总浓度的量度。因为离子交换是一个竞争机制，分析物的保留和洗脱受同种电荷的其他离子浓度的影响，这些竞争离子通常叫作反离子。低离子浓度溶剂可以促进分析物的保留，因为分析物不必同反离子在固定相有限的结合点上竞争。高离子强度溶剂则破坏分析物的保留，而促进洗脱，所以洗脱溶剂中一般加入大量反离子，以得到快速的选择性洗脱。

除离子强度外，也应注意反离子强度（选择性）。反离子强度是反离子对固定相的亲和力的量度，高强度的反离子能强有力地同固定相的带电基团结合。如表 5-2-3 所示，是一个阴离子和阳离子交换固定相的相对反离子强度表。对每一类固定相来说，最强选择性的反离子强度定为 10，其他为相对于它的值。

表 5-2-3 相对反离子强度

| 阳离子 | | 阴离子 | |
| --- | --- | --- | --- |
| $Li^+$、$H^+$ | 0.5 | $OH^-$、$F^-$、丙酸根 | 0.1 |
| $Na^+$ | 1.5 | 乙酸根、甲酸根 | 0.2 |
| $(NH_4)^+$ | 2.0 | $HPO_4^{2-}$、$HCO^-$ | 0.4 |
| $Mn^{2+}$、$K^+$、$Mg^{2+}$、$Fe^{2+}$、$Fe^{3+}$ | 2.5 | $Cl^-$、$NO_2^-$ | 1.0 |
| $Zn^{2+}$、$Co^{2+}$、$Cu^{2+}$、$Cd^{2+}$ | 3.3 | $HSO_3^-$、$CN^-$ | 1.5 |
| $Ca^{2+}$ | 4.5 | $NO_3^-$ | 4.0 |
| $Cu^{2+}$ | 6.0 | $ClO_3^-$ | 4.5 |
| $Pb^{2+}$、$Ag^+$ | 8.5 | $HSO_4^-$ | 5.0 |
| $Ba^{2+}$ | 10.0 | Citrate | 9.5 |
| | | 苯磺酸根 | 10.0 |

在上样前，固定相要用最低强度反离子活化，这样分析物能轻易交换掉反离子而得到保留。如果样品的 pH 需要调整，必须采用含有最弱反离子的酸或碱调节。相反，洗脱剂中必须含有强的反离子，这些反离子能轻易交换分析物，从而增强了分析物的洗脱能力。

由于硅羟基的存在，所有硅胶基质的固定相都有次要相互作用存在，带有胺基或羟基的化合物对这种强相互作用尤为敏感。由于这种次相互作用，会产生比预想得要更强的保留，这时候要由更高一些的离子强度或反离子强度的洗脱剂来克服由硅羟基引起的相互作用。有些离子交换固定相有较弱的极性（正相）或非极性（反相）相互作用，洗脱液中少量有机溶剂的作用将克服由此带来的额外保留。

离子交换中保留、淋洗和洗脱条件优化应包括以下几方面。

（1）活化：用不含或含弱反离子的低离子强度的溶剂活化固定相，活化溶剂必须有合适的 pH 以使固定相和分析物带上相反电荷。

（2）保留：调节样品液的 pH，使分析物和固定相仍保持离子状态，样品液的离子强度和反离子强度要尽可能低。

（3）淋洗：使用不至洗脱分析物的最强溶剂体系，同样，淋洗溶剂的 pH 要保证分析物和固定相仍带电荷。

（4）洗脱：洗脱剂 pH 要高于阳离子的 $pk_a$ 或低于阴离子的 $pk_a$，离子强度和反离子强度都必须很高。

如表 5-2-4 所示，给出了离子交换固相萃取的条件选择所应满足的要求。

表 5-2-4　离子交换固相萃取法要求

| 一 | 目的 | 离子强度 | 反离子强度 | pH |
|---|---|---|---|---|
| 阴离子交换要求 | 保留 | 低 | 低 | 低于固定相 $pk_a$<br>高于分析物 $pk_a$ |
| | 洗脱 | 高 | 高 | 高于固定相 $pk_a$<br>低于分析物 $pk_a$ |
| 阳离子交换要求 | 保留 | 低 | 低 | 低于固定相 $pk_a$<br>高于分析物 $pk_a$ |
| | 洗脱 | 高 | 高 | 高于固定相 $pk_a$<br>低于分析物 $pk_a$ |

注：离子强度中的低为<0.1 mol/L；高为>0.1 mol/L；pH 应至少与相应 $pk_a$ 相差两个单位；洗脱不必同时满足四个条件。

## 三、固相萃取方法的建立

一般地讲，溶剂流过固相萃取柱的流速越低，效果越好。在整个固相萃取过程中通常采用 3～10 mL/min 的流速。离子交换动力学比极性或非极性相互作用动力学稍慢，因此建议采用较低的流速以保证充分交换。

流速与所有溶液流过柱子所需时间之间有时存在矛盾，应均衡考虑。对上样步骤来说更是这样，0.5～1 L 的样品并不少见。采用 10 mL/min 的流速，0.5 L 样品上柱就需要 50 min。为了加快上样，可使用 25～50 mL/min 的流速。虽然损失了分析物的保留，但节约了大量的操作时间。

对于每种固相萃取方法，流速的稳定性是非常重要的。如果流速发生大的变动，特别是对于大体积高流速的情况，将导致较低的回收率和重复性。由于各个固相萃取柱间的细微差异引起的流速微小变动不会明显影响结果。

一个正相或反相固相萃取柱的容量为固定相重量的 1%～3%。也就是说，一个 100 mg 柱根据分析物和样品基质的不同能保留 1～3 mg 样品物质，样品溶液的重量与容量无关。对于离子交换固定相，样品容量就小得多。因为其容量取决于硅胶颗粒上离子交换基团数目，离子交换柱容量大约是 1 meq/mg 固定相。

当样品中分析物有强保留和/或极少样品干扰时，可得到高容量。由于样品的不确定性，要确切得到对已知样品采用多大的柱子是困难的。通常的原则是样品越脏，量越大，固定相重量就应越大。

如果溶剂选择合适，样品的净化程度和分析物的回收率都会有较大提高。但是，即使已经知道样品和分析物的许多信息，最佳的溶剂和固定相也不能一目了然。如果随意选择溶剂，实验效率就会更低。

应用洗脱分布图来选择最佳溶剂和固定相可以快速建立固相萃取方法。把一个已知量的分析物溶于一个与实际样品溶剂类似的溶剂中，然后上固相萃取柱，让一系列已知浓度、逐渐增强的溶剂或溶剂混合物（等间隙）通过固定相并收集起来，然后用适当的分析技术检测。各馏分分析物相对于溶剂的量算出来后，就可以得到一张洗脱分布图。

以下是针对一个 500 mg 反相固定相作洗脱分布图的例子（见图 5-2-1）：

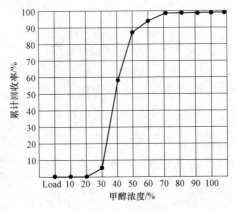

活化：先甲醇，后水（不必收集这些溶液）；上样：3 mL 分析物水溶液；

淋洗/洗脱：3 mL 水，10%、20%、30%直到 100%的甲醇各 3 mL，然后加入 3 mL 丙酮。

图 5-2-1　洗脱分布图实例

收集并分析每一个上样和淋洗/洗脱溶液。如果分析物的浓度足够大，就可以直接分析每一部分的浓度；如果分析物浓度较低，就必须浓缩后分析，浓缩将引入另一些影响结果的不利因素。

从图中可以得到一些重要的信息。上样液中没有分析物，说明上样溶剂足够弱，适于上样。如果在上样液中检测到分析物，就必须采用更弱的上样溶剂或更换另外的固定相。淋洗溶剂应为20%甲醇，因为30%甲醇能洗出一些分析物，70%甲醇则洗出所有分析物，实际采用的洗脱溶剂比分布图中所指出的溶剂强度略高。对于这个例子，80%甲醇将是一个很好的洗脱溶剂，采用比80%更强的溶剂会洗出一些不必要的杂质。

用以上建立的方法萃取含有已知量分析物的空白（溶剂）样，分析洗脱液来测定萃取过程的回收率。如果结果满意，还需继续测试含样品基质的标准样品（控制样）。此步骤是为了检测方法对于样品的净化程度，控制样品的萃取和分析空白样相同。如果存在干扰，则应调整方法，或更换固定相。有时为了样品的净化必须牺牲回收率，所以回收率与净化程度之间有一个最佳平衡。

最后，还要测一个加入样。把已知量的分析物加到控制样中，如果没有控制样，可采用标准加入法，加入样的回收率是方法的最后测试指标。几个不同浓度分析物回收率的标准偏差决定方法的合理性，加入样的回收率一般比空白样的偏低。如果回收率、标准偏差和样品净化程度都可接受，固相萃取方法就建立起来了。

# 第三节　膜技术

人们对利用膜技术去除溶剂或样品中的颗粒比较熟悉。事实上，膜技术已经开始广泛地应用于其他领域，如化学、微生物和工业纯化。膜技术的应用包括生物样品中细菌的去除、细胞培养液中细胞和菌种的去除等，近年来膜技术已渗透到分析化学中的样品预处理。在这一节中我们将主要介绍微渗析膜和超滤膜在样品预处理中的应用。

## 一、微渗析

膜渗析的基本原理为利用二相中样品浓度差别使样品通过渗析膜从一相传

质到另一相[①]。在渗析中，含有感兴趣样品的溶剂称之为原料，收集样品的流体称为渗析液。膜渗析技术一般被用于样品溶液中盐和低分子量的去除，反之也可从被测定的低分子量样品中去除高分子的干扰物。微渗析技术是利用渗析原理动态测定活体中细胞外化学过程的新兴技术，微渗析最重要的组成部分是由半渗析膜制备的探针。

　　微渗析系统基本上是由微渗析探针、连接管、灌流液和微量注射泵组成（见图 5-3-1）。注射泵比活塞式或蠕动泵更为准确，微渗析探针通常是由一管式渗析膜装于由钢、石英毛细管或其他材料制成的双层套管内构成（见图 5-3-2）。灌流液由微量注射泵以低流速（1%～5 μL/min）注入探针，到达探针的顶端渗析管处，与被取样的基体发生物质交换，进入膜的化学物质为继续流动的灌流液带出探针，这种取样方式是一个动态连续的过程。灌流液从某种意义上讲是一种生理溶液，与细胞外液体的渗透压相等。探针的大小、膜长度、内径以及切割分子量的大小可根据实际应用的要求选定。微渗析探针有多种形式，按其构造可分为四类：线状、环状、背靠背、同心圆式。其中，同心圆式较为常用。如图 5-3-2 所示，即为同心圆式探针。

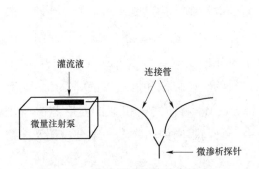

图 5-3-1　微渗析系统的基本组成

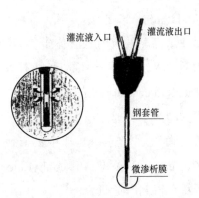

图 5-3-2　微渗析探针的基本构造

微渗析活体取样具有以下显著特点。

（1）时间分辨性，可连续跟踪多种化合物随时间的变化，与 HPCE、HPLC 等以分离为基础的分析技术联用，可同时提供多种化合物的浓度-时间曲线图，对阐明发生在体内的代谢和生物转化过程有积极意义。

① 曾昭权. 现代分析仪器导引［M］. 昆明：云南大学出版社，2000.

（2）空间分辨性，微渗析取样无匀浆过程，可真实代表取样位点目标化合物的浓度，同时在不同部分分别插入探针可研究生化物质的分布。

（3）微渗析取样可直接测定生物体内游离态药物浓度（非蛋白结合部分），这在药物研究中更富有意义。

（4）微渗析提供的样品中不含蛋白质、酶等大分子，可不经预处理直接进行 HPLC 分析。由于蛋白质、酶与所要分析的小分子物质分离，因而与之相关的各种生化反应将不再继续，可真实反映体内生化物质的变化。

（5）易于自动化，微渗析在线联用分析技术不断发展，与 HPLC 的联用分析技术已比较成熟，与 HPCE 的联用分析技术正在发展之中。

微渗析取样量小，一方面对生物体内的平衡干扰小，因而所取得的数据具有更高的可靠性；另一方面对分析检测的要求也愈高。微渗析活体取样的不足之处在于回收率低，通常在 15%左右。

微渗析源于神经化学的研究，在神经化学、行为科学的研究中也最为活跃，如从脑中取出神经递质、多巴胺及其代谢物（Dopamine and Its Metabolites）、乙酰胆碱和胆碱（Acetylcholine and Choline）。微渗析植入松果腺中跟踪褪黑激素（Melatonin、N-乙酰-5-甲氧基色胺）的变化研究生物昼夜节律等。近年来，这项技术已深入应用到活体生物异源物质的取样中。通过微渗析取样，生物异源物质（Xenobiotics）的动力学数据可从单个动物中获得，减少了物间变差（Intersubject Variation）及所需要的实验动物的总数。微渗析应用于多种药物的药物动力学和代谢研究中，其中令人注目的有：血液和肝脏中的邻乙酰氨基苯酚；血液、肝脏和胆汁中的苯酚（Phenol）；两种结构相似的化合物咖啡因（Coffeine）和茶碱（Theophylline），由于它们不同的药物动力学分布图及微渗析特征得到广泛研究。

作为活体取样技术的微渗析在国外已得到广泛应用，在国内已受到几家科研单位的重视，然而它的实际应用范围要大得多。微渗析可作为液相色谱分析的样品预处理技术，具有简单、快速且可适用于微量样品的处理等优点，可应用于细胞培养液和体外复杂生物样品中小分子目标化合物。微渗析作为液相色谱分析的预处理方法的操作规程与活体取样过程相似，可提供无蛋白质、酶和细胞及其碎片等大分子和颗粒的极性小分子的水溶液，可直接注射进行液相色谱分析，我们成功地利用微渗析动态取样技术发展了微渗析-高效液相色谱法测定病人血清中肌酐含量。肌酐是人体的一种代谢产物，血清中肌酐含量的测定具有重要意义，并将新方法与甲醇沉淀-高效液相色谱方法作了比较，显示了微渗析作为液相色谱样品预处理的可行性。对于某些复杂的生物样品，由于蛋白质的存在，一些与蛋白质结合的样品分子，回收率较低。对于这类化合物，需要改变酸度或加入适当的转换剂使结合的分子完全从蛋白质中游离出来，从而提高回收率。

在血浆中，一些药物与蛋白质如人血清白蛋白、$\alpha_1$-酸性糖蛋白存在不同程度的结合。蛋白质结合是一个快速可逆过程，可很快达到平衡状态，蛋白质结合在药物学中扮演了重要角色，游离药物可以从血液中扩散到血管外的药物作用位点发挥药物活性或产生副作用。一些重要的药物选择性，诸如肝脏代谢速率、肾排泄速率、生物膜渗透率和稳态分布体积均依赖于游离药物的浓度。因而药物-蛋白质结合的研究不但在临床治疗而且在药物动力学和药效学的研究中具有重要意义。发展新的简单方法测定游离药物的浓度可为药物-蛋白质结合的研究作出重要贡献。目前，已有多种方法应用于药物-蛋白质结合研究。如平衡渗析、超滤、前沿色谱法等，微渗析用于测定药物-蛋白结合研究尚鲜见。1991年，Lunte 等人发表的一篇论文中，采用微渗析测定药物与血浆蛋白结合，共测定了 9 种药物的血浆蛋白结合率，范围从 10%至 98%。实际上，微渗析技术可用于研究药物与蛋白质的相互作用，可得到结合常数和结合位点数。我们用微渗析技术成功地研究了磺胺甲唑、卡马西平和乙酰唑胺三种药物与人血白蛋白的相互作用。其中，卡马西平与人血白蛋白的结合常数和结合数目与文献相当，这是首次明确地提出以微渗析研究药物与蛋白质的相互作用。实质上，微渗析这种技术可应用于测定多种小分子化合物（药物、毒物、染料等）与大分子（如蛋白质、酶、DNA 等）的亲和力的研究，我们的实验室正在进行这方面的研究。

## 二、超滤膜技术

与渗析膜相似，毛细管超滤是利用半渗透膜防止分子量大于 30 000 Da 透过的样品预处理技术。与渗析膜不同，超滤膜不是利用二相溶液中溶质浓度的差别的扩散达到样品预处理的目的。超滤膜样品预处理是通过抽真空把组织周围的液体传质到超滤膜探针达到样品预处理的。由于没有微渗析灌流液的稀释，超滤膜探针对样品的浓度回收率高于微渗析的回收率，但超滤膜外表面易于被高分子量化合物堵塞，很容易导致样品处理量的下降。因此，超滤膜探针的尺寸一般都比微渗析探针大，利用超滤膜探针很容易测定样品中溶质的绝对浓度。由于通过超滤膜探针得到的是没有稀释的细胞外的液体，超滤膜过滤液中样品的浓度与组织中细胞外液体中的样品浓度相同，超滤膜探针的应用实例包括唾液中茶碱的监测和皮下组织中 Acetaminophen 的监测等。

# 第四节　衍生化和柱浓缩预处理技术

## 一、衍生化技术

目前，在高效液相色谱法中，最常用的高灵敏检测器是紫外和荧光检测器。近年来灵敏的电化学检测器也得到了较快的发展，但是它们均属于选择性检测器，只能检测某些化学结构的化合物。

为了使在这些检测器上响应很小的化合物也能被检测出来，近年来发展了多种衍生化方法，使带有氨基（-NH$_2$）、羟基（-OH）、碳基（>C=O）、羧基（-COOH）的化合物及氨基酸，通过与各种带有发色基团的衍生化试剂反应，生成有紫外或荧光吸收的衍生化产物，就能用现有的这几种高灵敏度检测器检测。

除此之外，通过被测化合物能否与特定的衍生化试剂的反应，也有利于鉴别这些化合物的结构。因此，近年来，液相色谱法中的衍生化方法已得到广泛的应用，并随着各种新的衍生化试剂的出现，及各种衍生化技术的深入研究，这种方法将得到进一步的发展。

对于衍生化技术，从以下两个方面进行讨论。

### （一）衍生化反应的分类

首先，在衍生化过程中选择的化学反应一定要满足以下几个条件。

（1）反应速度要快；（2）要发生定量反应，至少要有良好的重复性；（3）经过衍生反应生成的反应产物是单一产物；（4）所用的衍生化试剂与其衍生化产物能在色谱柱上被分离。

按衍生化反应类别可以分为三大类。

1. 产物可用紫外-可见光检测器检测

在液相色谱法中紫外-可见光检测器是最常见的一种高灵敏检测器，但是有很多化合物在紫外光谱区没有吸收，而不能被检测。将它们与带有紫外吸收基团的衍生化试剂在一定条件下发生反应，由于反应产物带有发色基团而能被检测。现将常用的紫外衍生化试剂及其应用如表 5-4-1 所示。

表 5-4-1　常用的紫外衍生化试剂

| 化合物类型 | 衍生化试剂 | | 最大吸收波长 $\lambda_{max}$/nm | 摩尔吸收系数 $\varepsilon_{254}$ |
| --- | --- | --- | --- | --- |
| | 名称 | 结构 | | |
| RNH$_2$ 及 RR'NH | 2、4-二硝基氟苯 | NO$_2$, F, NO$_2$ | 350 | >10$^4$ |
| | 对硝基苯甲酰氯 | O$_2$N—◯—COCl | 254 | >10$^4$ |
| | 对甲基苯磺酰氯 | CH$_3$—◯—SO$_2$Cl | 224 | 10$^4$ |
| RNH$_2$ 及 RR'NH | N-琥珀酰亚胺-对硝基苯乙酸酯 | O$_2$N—◯—CH$_2$COOHN (琥珀酰亚胺结构) | — | — |
| RCH—NH$_2$ \| COOH | 异硫氰酸苯酯 | ◯—N=C=S | 244 | 10$^4$ |
| RCOOH | 对硝基苄基溴 | O$_2$N—◯—CH$_2$Br | 265 | 6 200 |
| | 对溴代苯酰甲基溴 | Br—◯—COCH$_2$Br | 260 | 1.8×10$^4$ |
| | 萘酰甲基溴 | (萘)—COCH$_2$Br | 248 | 1.2×10$^4$ |
| | 对硝苯苄基-N、N-异丙基异脲 | O$_2$N—◯—CH$_2$—O—C=NCH(CH$_3$)$_2$ \| NHCH(CH$_3$)$_2$ | 265 | 6 200 |

| 化合物类型 | 衍生化试剂 | | 最大吸收波长$\lambda_{max}$/nm | 摩尔吸收系数$\varepsilon_{254}$ |
| --- | --- | --- | --- | --- |
| | 名称 | 结构 | | |
| ROH | 2,5-二硝基苯甲酰胺 | （结构式：苯环带两个NO₂及—COl） | — | $10^4$ |
| | 对甲氧基苯甲酰氯 | $CH_3O$—（苯环）—COCl | 262 | $1.6 \times 10^4$ |
| RCOR′ | 2,4-二硝基苯肼 | $O_2N$—（苯环带NO₂）—NHNH₂ | 254 | — |
| | 对硝基苯甲氧胺盐酸盐 | $O_2N$—（苯环）—CH₂ONH₂·HCl | 253 | 6 200 |

各类化合物衍生化反应如下。

（1）胺类化合物的衍生化

胺的化学性质与其氮原子上有两个未成对的电子有关。胺具有亲核性，能与亲电性的化合物发生反应，容易与卤代烃、羰基、酰基化合物、酸等发生反应。因此，这些化合物经常是胺类的衍生化试剂。

① 卤代烃衍生化试剂：2、4-二硝基氟苯（FDNB）的对位、邻位上有了硝基，卤原子就更加活泼，容易发生反应。

$$F-\text{（苯环带NO}_2\text{）}-NO_2 + R'-NH-R \longrightarrow R'-N(R)-\text{（苯环带NO}_2\text{）}-NO_2 + HF$$

这种试剂主要与仲胺发生衍生化反应，常用于仲胺的鉴别。

② 酰氯类衍生化试剂：对硝基苯甲酰氯适用于伯胺及仲胺的衍生化反应。

$$O_2N-\text{（苯环）}-\overset{O}{\underset{}{C}}-Cl + HN(R)-R' \longrightarrow O_2N-\text{（苯环）}-\overset{O}{\underset{}{C}}-N(R)-R' + HCl$$

对甲基苯磺酰氯为：

$$H_3C-\text{benzene}-\underset{O}{\overset{O}{S}}-Cl + HN\overset{R}{\underset{R'}{|}} \longrightarrow H_3C-\text{benzene}-\underset{O}{\overset{O}{S}}-N\overset{R}{\underset{R'}{|}}-R' + HCl$$

③ N-琥珀酰亚胺-对硝基苯乙酸酯：它与仲胺反应生成对硝苯苯乙酰胺。

$$O_2N-\text{benzene}-\underset{O}{\overset{}{C}}-O-N\underset{O}{\overset{O}{\bigcirc}} + HN\overset{R}{\underset{R'}{|}} \longrightarrow O_2N-\text{benzene}-\underset{O}{\overset{}{C}}-N\overset{R}{\underset{R'}{|}}-R + HO-N\underset{O}{\overset{}{\bigcirc}}$$

（2）a⁻氨基酸的衍生化

① 异硫氰酸苯酯：它与 a⁻氨基酸中氨基反应，形成 PTH 氨基酸，具有很高的紫外吸收。紫外检测器对于 PTH 氨基酸的检测极限大约是 $50 \times 10^{-12}$ mol，在用 Edman 降解法进行肽或蛋白质的序列分析时，异硫氰酸苯酯也是一个很重要的试剂。在用液相色谱法分析单个氨基酸时，也常用这个试剂。它能与伯胺或仲胺氨基酸反应，反应方程式为：

$$H-\underset{NH_2}{\overset{R}{C}}-COOH + \text{benzene}-N=C=S \longrightarrow HN-\underset{S}{\overset{}{C}}-\underset{H}{\overset{H}{N}}-\underset{COOH}{\overset{R}{C}}-R$$

PTC氨基酸　　　　　　　　　　PTH氨基酸

实验操作是这样的：将氨基酸溶于含 60%吡啶及适量异硫氰酸苯酯的水溶液中，并在 40 ℃加温 1 h，即生成 PTH 氨基酸，然后在反相 $C_{18}$ 柱上或正相硅胶柱上被分离。因为整个反应过程时间较长，用这种衍生化试剂时一般都采用柱前衍生化方式。

② 茚三酮：在定量测定氨基酸的方法中，茚三酮仍是较常用的氨基酸衍生化试剂，主要是被用于柱后衍生。在经离子交换色谱柱分离后的氨基酸与茚三

酮相遇却发生反应，反应温度是 130 ℃，所有伯胺氨基酸生成的衍生物在 570 nm 有最大吸收，茚三酮与所有蛋白质及肽等带有氨基的化合物也能形成这种发色衍生物，其反应式为：

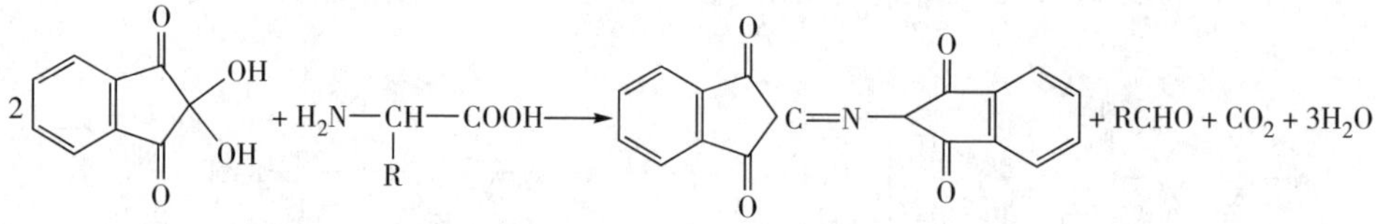

茚三酮

茚三酮与仲胺氨基酸，如脯氨酸及羟基脯氨酸反应，生成的黄色衍生化产物在 440 nm 有最大吸收。

（3）羧酸的衍生化

羧酸的衍生化反应主要是由有机酸与带有紫外吸收基团的卤代烃反应，产物是它的酯。如表 5-4-1 所示的卤代烃有：对硝基苄基溴、对溴代苯甲酰甲基溴、萘酰甲基溴。羧酸的衍生化条件与一般酸的酯化有些不同，先将欲衍生的酸制成钾盐，然后，在以冠醚作催化剂的条件下，使钾离子进入冠醚结构中。只有在冠醚外边的 RCOO-基可以与卤代烃反应，这样形成酯的产率在 90% 以上，反应式为：

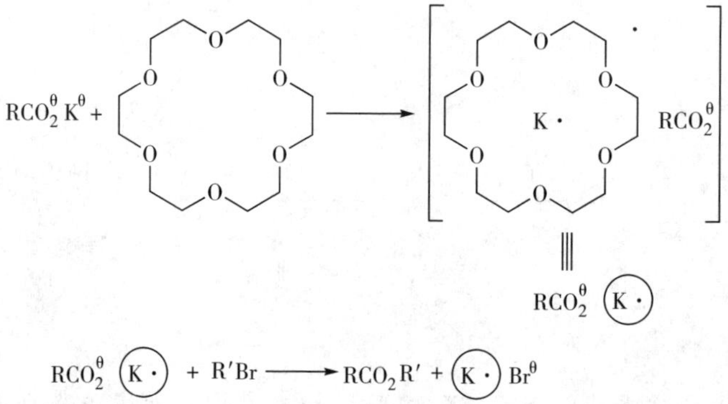

（4）羟基的衍生化

由于酰氯的化学性质很活泼，容易与亲核试剂，如醇、胺、水发生反应，所以它不仅是胺类的衍生化试剂，同时也是羟基化合物的衍生化试剂。

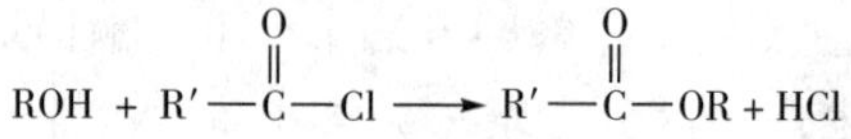

常用的衍生化试剂有 3、5-二硝基甲酰氯，对甲氧基苯甲酰氯。

（5）羰基化合物（酮、醛）的衍生化

对于羰基化合物最典型的衍生化试剂是 2、4-二硝基苯肼，它的衍生化产物是 2、4-二硝基苯腙，其反应式为：

$$R-\underset{H(R')}{\overset{\displaystyle ||}{C}}=O + H_2N-\overset{H}{N}\text{（二硝基苯基）}-NO_2 \longrightarrow R-\underset{H(R')}{\overset{\displaystyle |}{C}}=N-\overset{H}{N}\text{（二硝基苯基）}-NO_2 + H_2O$$

这种试剂反应速度快而且反应完全，紫外检测器对于衍生化产物的最小检测量为 5 ng，另一种衍生化试剂是对硝基苯甲氧明盐酸盐。

2. 产物可用荧光检测器检测

在液相色谱法中，荧光检测器是一种高灵敏度、高选择性的检测器，比紫外检测器的灵敏度要高 10 倍到 1 000 倍，一般检测极限为 $10^{-14}\sim10^{-12}$ mol。因此，为了检测痕量非荧光物质，常将它与荧光衍生化试剂反应，使之成为荧光衍生物，然后用荧光检测器检测，现常用的荧光试剂如表 5-4-2 所示。

表 5-4-2

| 化合物类型 | 衍生化试剂 | | 激发波长 /nm | 发射波长 /nm |
|---|---|---|---|---|
| | 名称 | 结构 | | |
| RCH—CCOH<br>\|<br>NH₂ | 邻苯二甲醛 | (邻苯二甲醛结构式) | 340 | 455 |
| RCH—CCOH<br>\|<br>NH₂ | 荧光胺 | (荧光胺结构式) | 390 | 475 |
| R—CH —CCOH<br>\|<br>NH₂<br>RNH₂<br>RR′NH<br>C₆H₅—OH<br>R—OH | 丹酰氯 | (丹酰氯结构式) | 350—370 | 490—530 |

139

续表

| 化合物类型 | 衍生化试剂 | | 激发波长/nm | 发射波长/nm |
|---|---|---|---|---|
| | 名称 | 结构 | | |
| R—CH—CCOH \| NH₂   R—CH—CCOH \| —NH | 芴代甲氧苯酰氯 FMOC | (芴环结构) CH₂—O—C—Cl | 260 | 310 |
| R—CH—CCOH \| NH₂ | 吡哆醛 | HO CHO CH₂OH H₃C (苯环结构) | 332 | 400 |
| R R′ C=O | 丹酰肼 | CH₃—N—CH₃ (萘环结构) SO₂NHNH₂ | 340 | 525 |
| RCOOH | 4-溴甲基-7-甲氧基香豆素 | O O OCH₃ (香豆素结构) CH₂Br | 365 | 420 |

可见，常用的荧光衍生化试剂有下列几种。

（1）邻苯二甲醛（OPA）

在碱性条件下，OPA 易于与伯胺反应，形成荧光化合物，但是在反应中必须加入硫醇作为辅助性试剂，这一行生化反应简单表示为：

$$
\text{(邻苯二甲醛)} + RNH_2 + R'{-}SH \xrightarrow[1\sim 2\,min]{\text{室温}} \text{(异吲哚衍生物)} + H_2O
$$

OPA 也能与伯胺氨基酸发生上述反应，但是它不能与仲胺氨基酸如脯氨酸、羟基脯氨酸反应。当 OPA 与伯胺氨基酸反应时，常用的辅助剂是乙基硫醇（$CH_3CH_2SH$）或巯基乙醇（$HSCH_2CH_2OH$），以乙基硫醇较好。

此反应的特点是反应温度低，完成反应所需时间短，所产生的衍生化产物有强的荧光。不仅适用于柱前衍生，也适用于柱后衍生；不仅适用于荧光检测器检测（灵敏度 $10^{-12}\sim10^{-15}$ mol），也能用紫外检测器在 230 nm 检测（灵敏度 $5\times10^{-12}$ mol）。因此，OPA 是至今最通用的伯胺氨基酸衍生化试剂。

（2）荧光胺

荧光胺也适于作伯胺及伯胺氨基酸的衍生化试剂。虽然荧光胺本身没有荧光，但是在碱性条件下，它与伯胺能很快反应形成具有荧光的产物，而过剩的试剂在几秒钟内就会被分解，不干扰测定。荧光胺与伯胺的反应式为：

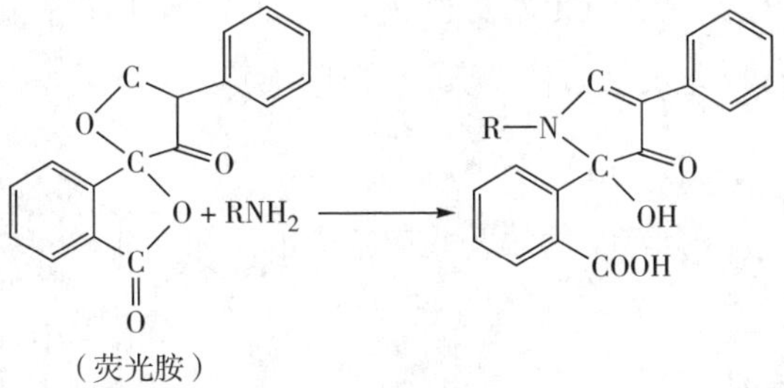

（荧光胺）

衍生化产物的荧光强度决定于反应系统的 pH，例如，肽类在 pH=7 时，荧光最强，氨基酸则在 pH=9 时荧光最强，而在 pH=7.4 时，只有很低的荧光强度。由于这一反应在室温下几秒钟内即可完成，荧光胺可以用作为氨基酸的柱后衍生化试剂。由于它与氨基酸的衍生化反应要求在碱性的反应系统中进行，这就不利于使用以硅胶为基体的固定相，因此不常用于柱前衍生。

（3）丹酰氯

丹酰氯是另一种应用最广泛的荧光衍生化试剂，它可以与氨基酸、胺类以及酚类化合物反应，生成强荧光衍生物。它同伯胺、仲胺都能起反应，但反应速度比较慢，因此需要较长的衍生化反应时间，一般需要 20～40 min，所以只能采用柱前衍生化方式。荧光检测器对于丹酰氯-氨基酸衍生化产物的检测极限可达到 10 pg，丹酰氯与氨基酸的反应式为：

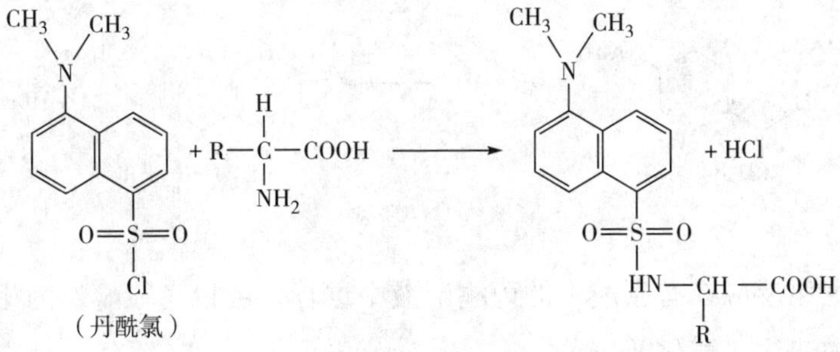

（丹酰氯）

141

另外，丹酰氯也被用于蛋白质及肽的末端基团分析。

（4）芴代甲氧基酰氯（FMOC-CI）

FMOC-CI 是一种较新的氨基酸衍生化试剂，Josefsson 于 1983 年首次以它作氨基酸的柱前衍生化试剂。它具有与 OPA 同样的灵敏度并易于反应，不仅适用于伯胺氨基酸，同样也适用于仲胺氨基酸的衍生，在合成肽的过程中可用它来保护氨基。它的另一优点是其氨基酸衍生物具有很稳定的荧光强度，特别适用于柱前衍生。由于 FMOC-CI 本身也具有强的荧光，所以在行生化反应后必须除去多余的试剂才能进入色谱柱。其反应式为：

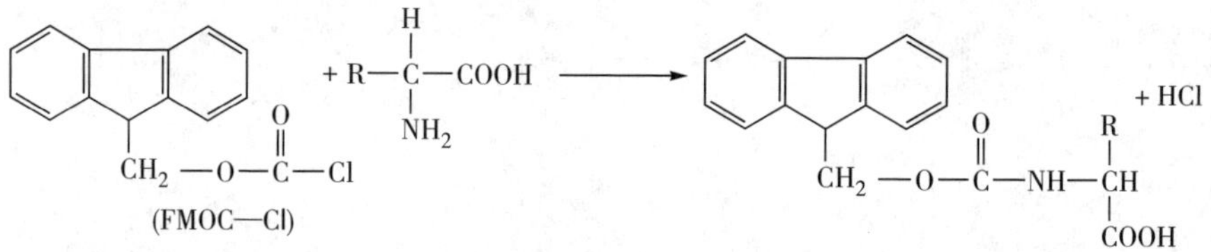

（5）丹酰肼

丹酰肼与酮反应生成具有强荧光吸收的腙，其反应式为：

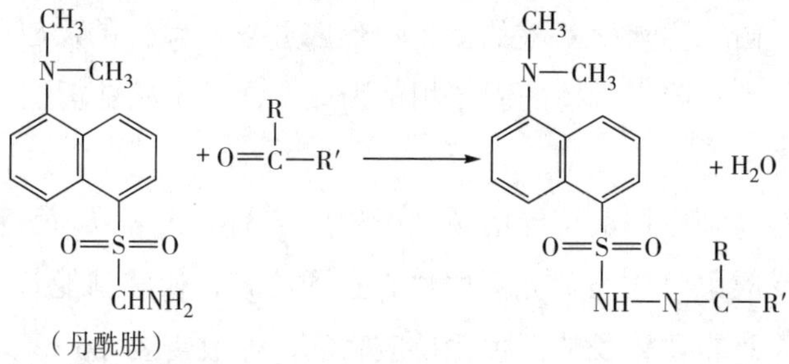

（6）4-溴甲基-7-甲氧基香豆素（BrMC）

它是一种卤代烃，与羧酸反应生成具有强荧光吸收的酯，其反应式为：

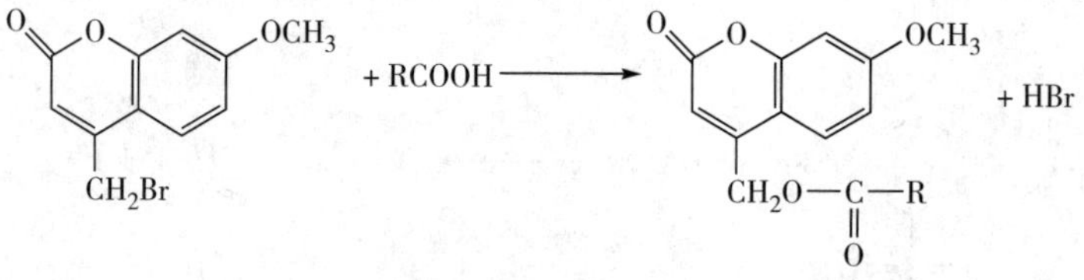

此衍生化反应在有碳酸钾的丙酮溶液中进行，或以皇冠醚作为相转移催化剂，也能加速这一酯化反应。

### 3. 产物可用电化学检测器检测

液相色谱的电化学检测器有多种，有测量电量的库仑检测器，测量电导的电导检测器，及测量电流的安培型电化学检测器等。近年来，安培型电化学检测器发展较快，其基本原理是在特定的电压下，被测化合物在电极上被氧化或被还原，从而引起电流的变化而被检测。一些原来在电化学检测器上没有响应的化合物与某些衍生化试剂反应后，产物的电活性物质在检测器电极上发生氧化或还原反应而被检测。

例如，对二甲基氨基异氰酸苯酯（1）作为一种电活性衍生化试剂（它本身并不具有电活性），能与被检测化合物苯基羟胺（2）快速而且定量地发生反应，产生电活性物质羟基脲（3）。产物（3）容易在碳糊电极表面被氧化，放出两个电子，而被灵敏地检测出来（5 nmol 芳香羟胺）。

由于电化学检测器正处于发展阶段，因而关于这方面的衍生化反应的研究还在广泛进行中。

### （二）衍生化的方式分类

衍生化样品预处理可分为柱前和柱后衍生化检测。

### 1. 柱前衍生

被测组分先通过衍生化反应，转化成衍生化产物，然后再经过色谱柱进行分离、测定。在液相色谱法中柱前衍生的目的有下列几个方面。

（1）靠接上带有发色基团的衍生化试剂使本来不能被检测的组分被检测出来；

（2）使被测组分与衍生化试剂有选择地参加反应，而与样品中的其他组分分离开；

（3）改变被测组分在色谱柱上的出峰次序，使之更有利于分离。

柱前衍生的优点是不必严格限制衍生化反应条件，允许较长的，反应时间及使用各种形式的反应器。其缺点是当一个复杂组分样品经过衍生化反应后，有可能产生多种衍生化产物给色谱分离带来困难。

2. 柱后衍生

针对柱前衍生的某些缺点，近年来发展了柱后衍生的方法。即把多组分样品先注入色谱柱，按选定的色谱条件使之在色谱柱上得以分离。当各种组分从色谱柱流出后，分别与衍生化试剂相遇。在一定的反应条件下，生成带有发色功能团的衍生化产物再进入检测器。这种方法的优点是不会因增加衍生化反应步骤给色谱分离带来困难，柱后衍生最典型的例子是氨基酸分析仪，氨基酸分别从色谱柱流出后，与茚三酮相遇，在一定条件下发生反应，生成的衍生物在 440 nm 或 570 nm 下被检测（见图 5-4-1）。

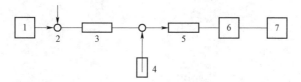

1—泵；2—进样阀；3—色谱柱；4—衍生化试剂泵；5—反应器；6—检测器；7—记录仪

图 5-4-1　柱后衍生流程图

在柱后衍生过程中要注意流动相组成与反应介质的一致性，特别是当流动相组成作梯度变化时，更要注意到这一点。另外的困难是要求被测组分从色谱柱出来后到达检测器之间体积要非常小，否则会引起组分的色谱谱带变宽而影响分离。而且要选择反应速度快的衍生化试剂，否则在短时间内反应不能完全。由于这些严格的要求，近年来对于柱后衍生用的反应器的设计作了很多理论上的研究，提出了多种方案，归纳起来有三大类。

（1）毛细管式柱后反应器，如图 5-4-2（a）所示。毛细管内径为 0.25 mm，以减少色谱峰在反应器中的扩散，适用于反应时间小于 30 s 的衍生反应。

（2）分段流动柱后反应器，如图 5-4-2（b）所示。在操作过程中，空气不断地进入系统，使流体的流动被分割（见图 5-4-3）。由于空气的隔离，减少了液体在流动时的扩散，在进入检测池前这些空气泡再被放空。当衍生化反应所需时间较长，如小于 120 s，因而需要较长的螺旋管反应器时，采用这种形式的反应器较为理想，将能得到较好的色谱峰形。

（3）填充床柱后反应器，如图 5-4-2（c）所示。这种反应器的优点是谱带扩散较前两种小，但缺点是压降较大。

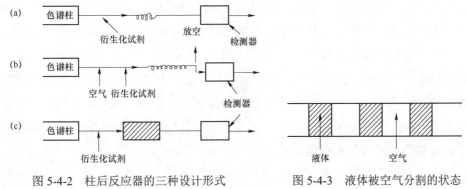

图 5-4-2　柱后反应器的三种设计形式　　　　图 5-4-3　液体被空气分割的状态
（a）毛细血管；（b）分段流动；（c）填充床

## 二、柱浓缩预处理技术

以上所述是通过衍生化反应方法来解决液相色谱法中遇到的样品的检测问题，现在要讨论的是提高检测灵敏度问题。由于欲测组分的浓度过稀，而不能被检测出来，使用柱浓缩技术，欲测组分被浓缩在柱子上，然后在较短时间内被冲出，而能被检测。利用浓缩柱进行浓缩的具体装置如图 5-4-4 所示。

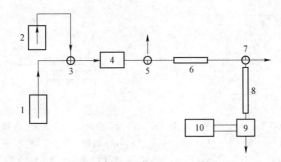

1—流动相；2—样品；3—阀 1；4—泵；5—放空支路；6—浓缩柱；
7—阀 2；8—分析柱；9—检测器；10—记录仪
图 5-4-4　使用浓缩柱的流程图

柱浓缩的原理：先将欲浓缩的稀溶液，用泵注入浓缩柱。对于浓缩柱的填料有一定要求，即当以此溶液的溶剂作流动相的条件下，溶质在固定相上有强的保留。例如，含有痕量菲的水溶液，被泵注入装有十八烷基键合相的浓缩柱内，水中的其他极性样品首先流出，而非被保留在固定相上。此时阀2处于放空位置，当通过足够量含菲的水溶液后，除去样品瓶，换成其他流动相（如甲醇），开泵，通过支路排空管以甲醇置换管路。然后将阀2转向通入分析柱方向，由于非在甲醇流动相条件下，在 ODS 柱上保留很弱，以比较快的脉冲形式进入分析柱而被检测，这种方法已被成功地用于测定水中的多环芳烃及苯甲酸酯类。据报道，经浓缩后，对样品溶液中被测组分的最低检测浓度能降低 50 倍。

另一种在线浓缩装置使用了六通阀（见图 5-4-5），在这些在线浓缩装置中，要得到较好浓缩效果的关键是：

（1）要注意浓缩柱的结构及它与分析柱的连结，要尽量减少这两部分的死体积，这种浓缩柱的结构有 5×2 mm id、5×15 mm id、5×50 mm id，尽量使用短柱。

（2）要注意选择合适的洗脱剂。当转动阀的手柄转到洗脱位置后，被浓缩的组分能尽快被洗脱出来。当柱子填料采用非极性的键合固定相时，常采用甲醇或四氢呋喃作为洗脱液。只有注意了这些因素，才能使被浓缩组分色谱图的峰宽不至于有明显变宽，才能达到提高检测灵敏度的目的。

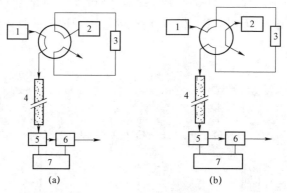

1—HPLC 泵；2—取样泵；3—富集柱；4—分析柱；5—紫外检测器；6—荧光检测器；7—数据处理器
（a）浓缩流程；（b）分析流程
图 5-4-5　在线富集 HPLC 流程

根据柱浓缩的原理，改变不同固定相及流动相，可以有选择地浓缩欲测组分，这种方法特别适用于环保监测中某些组分的浓缩检测。

在液相色谱柱浓缩预处理技术中，除采用传统的反相、离子交换填料的预柱外，有两类新兴的预处理技术值得关注。

## （一）浸透限制固定相预柱

所谓浸透限制固定相（Restricted Acess Stationary Phase）或浸透限制介质（Restricted Acess Media），是指蛋白质等大分子不能穿透进入其疏水孔内或袋中，而药物及其代谢产物等小分子则可以不受限制地自由出入填料孔内的固定相。使用这种固定相，大分子物质如蛋白质，在色谱的死体积中被排阻出来，避免了对色谱柱的破坏和对低分子量化合物测定的干扰，但是药物及其代谢产物等小分子量化合物，可以进入固定相的疏水部分而得到分离。因而血清样品可以直接注入浸透限制固定相色谱柱分离测定，不必经过除蛋白质和萃取等步骤。这一类固定相包括内表面反相固定相，屏蔽疏水相固定相和混合功能固定相等。这一类固定相对药物的分离效率相对较低，在很多情况下都是通过柱切换技术来提高分离效率和定量的重复性。

## （二）免疫萃取技术

免疫反应已广泛应用于生理、生化、医学等领域，近年来这一技术也逐步延伸到分析化学中的样品预处理。生物大分子的抗体制备已被广泛接受，对于药物、环境毒物等低分子量化合物抗体的制备，通常把低分子量化合物与牛血清白蛋白共价交联的衍生物注入动物体内，产生抗低分子量化合物的免疫球蛋白，把产生的抗体连接到适当的固定相后，就可以用于低分子量化合物的免疫萃取。一般来说，有两种免疫萃取预处理方法：其一是离线萃取，这与以上介绍的固相萃取很相似，应用实例如黄曲霉毒素的免疫萃取预处理等；其二是联线的柱切换免疫萃取预处理技术，预柱填充的免疫固定相不仅可以有效地吸附和浓缩样品分子，而且通过柱切换到分析柱可以很有效地分离测定被分离的化合物，应用实例如 β-19-Nortestosterone 的测定等。

免疫萃取的最大优点是萃取选择性高，同时可以利用生物技术对抗体的特异性进行修饰，由此实现一种样品分子或一类样品分子（如药物及其代谢产物）的免疫萃取。免疫萃取的抗体分子较大，有可能存在较强的非特异性吸附和抗体的价格过高等缺陷是免疫萃取进入日常使用阶段的障碍，但随着科学技术的发展，这些新兴的技术和产品通过不断的改善和提高，必将被人们所广泛接受。

# 第六章

# 液相色谱法在食品分析中的应用

本章的主要内容为液相色谱法及其在食品分析中的应用，主要从食品营养成分的分析、食品添加剂的分析、食品污染物的分析等三个部分作出论述。

## 第一节　食品营养成分的分析

本节主要对在氨基酸、碳水化合物、有机酸的分析中展开论述。

### 一、氨基酸

氨基酸是蛋白质的主要组成部分，常见的蛋白氨基酸约 20 种[1]。蛋白质在消化器官中由于一消化酶的作用分解为氨基酸而被吸收，吸收了的氨基酸在体内细胞重新合成蛋白质。故此，氨基酸作为食品的主要成分之一是提供细胞的代谢合成材料。

20 多种氨基酸中，有部分是人体不能合成或是合成量不能满足代谢需要的氨基酸，必须从食物补给，通常把这类氨基酸称为"必需氨基酸"，如赖氨酸、色氨酸、苯丙氨酸、苏氨酸、蛋氨酸、异亮氨酸、亮氨酸和缬氨酸 8 种。故此，为保证人体合理的营养需要，一方面要满足人体对必需氨基酸数量的需要，另一方面还要注意必需氨基酸之间的比例。根据世界卫生组织的建议，蛋白质中必需氨基酸的构成比例如表 6-1-1 所示。

---

[1] 成跃祖. 凝胶渗透色谱法的进展及其应用［M］. 北京：中国石化出版社，1993.

表 **6-1-1** 食品蛋白必需氨基酸比例

| 氨基酸 | 每克蛋白质中的毫克数 |
|---|---|
| 异亮氨酸 | 40 |
| 亮氨酸 | 70 |
| 赖氨酸 | 55 |
| 蛋氨酸＋胱氨酸 | 35 |
| 苏氨酸 | 40 |
| 色氨酸 | 10 |
| 缬氨酸 | 50 |
| 苯甲氨酸＋酪氨酸 | 60 |

食品蛋白质的营养价值可用蛋白质价表示。根据各种食物蛋白质的氨基酸组成与拟定的标准蛋白质相比，从不足氨基酸占的相对比例来判定各蛋白质的营养价值，其中最不足的氨基酸称为"限制氨基酸"，而此限制氨基酸与拟定标准蛋白质的必需氨基酸的百分比称为蛋白质价。例如，牛肉中最不足的氨基酸为色氨酸，其与标准蛋白质的色氨酸相比为：

$$\frac{0.075}{0.090} \times 100\% = 83\%$$

也就是牛肉的蛋白质价为 83。

由于氨基酸在食物营养中的重要性，无论营养分析、控制，开发新的食物资源，农作物或牧畜品种以及对食物进行氨基酸强化，都需要对蛋白质的氨基酸组成进行测定。

**（一）样品处理——水解**

组成蛋白质的 20 多种氨基酸以共价键（肽键）相连，样品处理的最终要求是将各肽键断开，释放出游离氨基酸，然后进行测定。目前，盐酸水解法的应用最为广泛，但对个别氨基酸的测定，此法仍有不足之处。

1. 一般食物的盐酸水解

（1）称取一定量样品放入带密封垫的螺丝试管，使样品含蛋白量在 10～20 mg 范围。

（2）对固体样品加入 6 N 盐酸 15 mL，对液体样品加入等体积的浓盐酸。

（3）加入新蒸馏的酚 2～3 滴。

（4）充氮并紧盖试管。

（5）将样品置于 110 ℃烘箱中 24 h。

（6）取出样品管，用冷水冷却后，打开管盖，并加入 10 mLAABA（内标氨基酸 2.5 mM）。

（7）将水解液移至 50 mL 容量瓶中，用水淋洗试管，定容。

（8）用 0.45 µ 过滤膜（MillexHV 型，Nillipore 公司生产）过滤 1 mL 样品液，利用柱前或柱后氨基酸分析法测定。

**2. 高脂肪食品的盐酸水解**

高脂肪食品（如乳酪）宜先除去脂肪，再进行常规的蛋白质水解，减少测定的干扰。

（1）将 5 g 样品与 100 mL 丙酮：氯仿（3∶1）搅匀，在室温下利用超声波振荡 1 h。

（2）用滤纸过滤样品液，固体部分吹干，称量，并进行常规蛋白水解（见上）。

**3. 半胱氨酸及蛋氨酸测定的样品处理**

原理：

在用盐酸水解蛋白的过程中，半胱氨酸及蛋氨酸易被破坏，现多用过甲酸将蛋白中的半胱氨酸（胱氨酸）及蛋氨酸分别氧化成半胱磺酸及蛋氨酸砜再进行测定。

文献中过甲酸的用量、氧化温度及时间差异很大，下面提供其中一种可行条件。

过甲酸的制备：

1 体积的 30%过氧化氢溶液与 9 体积的 88%甲酸混合，放置 1 h，摇匀，放置在冰浴中 30 min，立刻使用。

方法：

（1）称取一定量样品到水解管中，使样品含蛋白量在 10～20 mg 范围。

（2）置样品于冰浴中 30 min。

（3）加入 10 mL 冷的过甲酸溶液，摇匀，旋盖管盖。

（4）置于冰浴中（0 ℃）16 h。

（5）加入 3 滴辛醇，并慢慢加入 48%冷的氢溴酸 3 mL，不断摇匀，并保持在 0 ℃下 30 min。

（6）减压蒸干。

（7）如前述方法进行盐酸水解。

### 4. 色氨酸碱水解法

原理：

蛋白在 4.2 mol/L 的氢氧化钠溶液水解，调节 pH 后，利用离子交换法或反相色谱法分离，并以紫外或荧光检测。

试剂：

4.2 mol/L 氢氧化钠溶液：分析纯的氢氧化钠配制成 4.2 mol/L 浓度溶液，并用氮气吹气 10 min，除去溶解在溶液中的氧气。

方法：

（1）称取一定量样品到带螺旋盖水解管中，使样品含蛋白量在 10 mg 左右。

（2）加入 10 mL 4.2 mol/L NaOH 溶液。

（3）加入 3 滴辛醇。

（4）充氮，盖紧试盖口。

（5）110 ℃，水解 20 h。

（6）冷却，用 HCl 中和，并稀释到 50 mL，上机。

### 5. 色氨酸水解法

蛋白质中的色氨酸在进行盐酸水解时会受到破坏，要进行色氨酸分析，必须采用特别的水解方法。常用的有碱水解法及 Methanesuefonic Acid 法，而后者目前被广泛接受，效果较理想。

（1）称取一定量样品到水解管中，使样品含蛋白量在 5～10 mg 范围。

（2）加入 200 μL、4 mol/L Methanesulfonic Acid。

（3）加入 1 mL 蒸馏水。

（4）充氮，旋紧管盖，将样品置于 110 ℃烘箱中 24 h。

（5）取出样品管，用冷水冷却后，打开管盖并加入 220 μL、4 mol/L KOH 溶液中和。

（6）加入 1 mL AABA（2.5 mol/L）为内标，将水解液移至 10 mL 容量瓶中，用蒸馏水淋洗试管并定容。

（7）取出 1 mL 样品液经 0.45 μm 滤膜过滤。

水解过程是氨基酸测定中最易产生实验误差的一个环节，因此水解条件的选择是工作成功的关键。

（1）盐酸纯度：在进行酸水解时，酪氨酸能与氯等卤素产生卤代物，故盐酸应选用优级纯，并加入苯酚以抑制上述反应。

（2）氧气：在高温进行酸水解时，氧的存在会导致氨基酸进一步分解，故水解管应充氮，或同时进行抽真空充氮，来回三个循环、目的在除去氧气，保证氨基酸的水解回收率。

（3）水解时间及温度：最广泛将用的时间及温度条件为 110 ℃、24 h，但若条件不许可，或急于求得粗略结果，水解可在 150 ℃，进行 4 h，后者对个别氨基酸的回收率有较大影响。

## （二）Sep–Pak 小柱样液净化

在分析氨基酸前，为除去水解样品中的高分子蛋白、脂肪等杂质，以增长色谱柱的寿命及减少干扰，可利用 Sep-Pak 碳十八（Waters）进行样品前处理。

### 1．试剂

（1）溶剂 1：0.1%三氟乙酸。

（2）溶剂 2：0.1%三氟乙酸：甲醇（80：20）。

（3）溶剂 3：0.1%三氟乙酸：甲醇（70：30）。

（4）甲醇。

（5）Sep-Pak 碳十八小柱（Waters）。

### 2．方法

（1）用 10 mL 甲醇活化 Sep-Pak 碳十八小柱，再先后通过 10 mL 溶剂（1）及（2）。

（2）将 1 mL 样品水解液与 2 mL 溶剂（3）混合，并慢慢通过小柱，弃去第一毫升洗出液，收集第二毫升、第三毫升洗出液备用分析。

## （三）测定

### 1．柱后衍生法

柱后衍生分析法是利用氨基酸是两性电解质，其所带电荷随 pH 或离子强度而改变这一特点，在一根强酸型阳离子交换树脂为填料的色谱分离，配合 pH 梯度求离子强度梯度淋洗，按各氨基酸的带电特点先后流出，在柱后与衍生剂反应，然后利用衍生物的紫外吸收或荧光特性进行检测。

常用的衍生剂有茚三酮及邻苯二甲醛（OPA）等，而邻苯二甲醛尽管能提供较灵敏的检测，却不能与二级氨基酸（如脯氨酸）反应，需首先将氨基酸氧化，再衍生。一般来说，在色谱柱淋洗的次序为：酸性氨基酸和羟基氨基酸与树脂结合不紧，最先被洗脱，中性氨基酸次之，再后是芳香族氨基酸和碱性氨基酸。

试剂：

（1）缓冲溶液 A：二水柠檬酸三钠 19.6 g，苯酚 1 g，用硝酸及水把总体积调至 1 L，pH 为 3.10，过滤（0.45 μm）并充氮。

（2）缓冲液 B：硼酸 1.5 g，硝酸钠 21.0 g 用水及 6 mol/L NaOH 溶液（240 g/L）调至总体积为 1 L，pH 为 9.60，过滤（0.45 μ）并充氮。

（3）0.5 mol/L 硼酸钾保存液：取 123.6 g 硼酸及 105 g KOH 溶解在 3.5 L 水中，再用 KOH 溶液调 pH 至 10.4，定容至 4 L，用 0.45 μ 滤膜过滤备用。

（4）次氯酸溶液：1 L 硼酸钾保存液中先后加入 2 mL 5% 的次氯酸钠溶液及 1 mL 30% Brij35 水溶液（表面活性剂）混合。

（5）OPA 溶液：取 700 mg OPA 及 2 mL 乙巯基乙醇，溶解在 10 mL 甲醇中，并加入 1 L 磷酸钾保存液及 1 mL 30% Brij35 水溶液混合。

注意：不需要用次氯酸进行氧化时，OPA 溶液只要加入 0.2 mL 乙巯基乙醇即可。

仪器：

柱后衍生氨基酸分析系统（Water 公司生产）备有两台 510 型泵、420 型荧光检测器、U6k 型选择器、柱后反应泵、温度控制器及梯度控制。数据处理方面可使用一般的积分仪（745 型）或带微机系统（810 型或 820 型）。

方法：

（1）取样品液 0.5 mL 到试管中，将管置减压蒸发器中减压蒸干，用 0.5 mL 蒸馏水淋洗试管，再抽干，如此反复三次。

（2）加入 0.5 mL 缓冲液 A，将蒸干之样品溶解，即可上机，若不立即进行分析，可在 4 ℃暂存。

高效液相色谱条件如下。

（1）柱：氨基酸分析柱（离子交换）；

（2）流动相：缓冲液 A、缓冲液 B 梯度淋洗（见表 6-1-2）；

表 6-1-2　梯度淋洗程序

| 开始/（min） | 流速/（mL/min） | %A | %B | 曲线 |
|---|---|---|---|---|
| 开始 | 0.4 | 100 | 0 | — |
| 48 | 0.4 | 0 | 100 | 6 |
| 75 | 0.4 | 0 | 100 | 6 |
| 100 | 0.4 | 100 | 0 | 6 |

（3）柱后反应泵流速：均为 0.4 mL/min

（4）检测器：荧光检测器 Ex = 338 nm，Em = 425 nm；

（5）柱温：65 ℃；

（6）色谱图如图 6-1-1 所示。

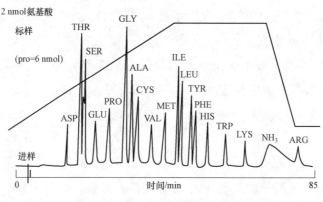

图 6-1-1　柱后衍生氨基酸色谱图

## 2. 柱前衍生法

柱前衍生氨基酸分析法的特点是氨基酸样品在进入色谱柱分离前，先进行衍生反应，也就是说分离的是衍生物而非氨基酸本身。因而突破了使用离子交换色谱作为分离机理的局限。

常用的氨基酸衍生剂有异硫氰酸苯（PITC）、邻苯二醛（OPA）及 Danoyl Chloride 等。其中，异硫氰酸苯的优点最多，PICO · TAG™ 氨基酸分析法即采用此衍生剂的柱前衍生氨基酸分析法。当氨基酸与 PITC 偶合反应后，衍生成

PTC-氨基酸，可直接进样分析。分析柱为一根专用的碳十八柱，根据各衍生物的极性差异，用有机溶剂梯度把组分先后淋洗出，再利用衍生物的紫外吸收特性进行检测、定量。整个氨基酸分析工作所需时间只有 12 min 左右，比离子交换法快速了几倍。

试剂：

（1）淋洗液 A：19.0 g 三水醋酸钠，0.5 mL 三乙胺溶解于 1 L 超纯水中，用冰醋酸调 pH 至 6.40 过滤。取此液 940 mL 加入 60 mL 乙腈（色谱纯），充氮保存。

（2）淋洗液 B：取 600 mL 乙腈（色谱纯），加超纯水至 1 L，脱气备用。

（3）样品稀释液：取 710 mg $Na_2HPO_4$，加超纯水至 1 L，用 10%磷酸∶乙腈（95∶5）调 pH 为 7.4 备用。

（4）再干燥液：甲醇∶水∶三乙胺（2∶2∶1）。

（5）衍生剂：异硫氰酸苯∶甲醇∶三乙胺∶水（1∶7∶1∶1）。

仪器：

PICO·TAG™ 氨基酸分析系统（Water 公司生产）实为梯度高效液相色谱仪，备有两台 510 型泵、U6K 进样器、恒温装置、紫外检测器（440 型、484 型或 490 型均可）、梯度控制器、PICO·TAGT™ 分析柱和 PICO·TAG™ 工作台。数据处理部分可为积分仪（745 型）或微机系统（820 型）。

方法：

（1）取 10 μL 水解液到小试管中，真空抽干。

（2）加入再干燥液 10 μL，混匀，抽干。

（3）加入 20 μL 衍生剂，混匀，放置室温 20 min，抽干。

（4）加入稀释液 100 μL，将样品溶解，即可上机，一般进样 5～10 μL。

（5）利用淋洗液 A、B 所组成的特殊梯度，把组分逐一淋洗并检测。

色谱条件：

（1）柱：PICO·TAGT™ 氨基酸分析柱（3.9 mm×15 cm）。

（2）流动相：淋洗液 A、B 梯度洗脱（见表 6-1-3）。

表 **6-1-3** 梯度洗脱程序

| 时间/min | 流速/（mL/min） | %A | %B | 曲线 |
|---|---|---|---|---|
| 开始 | 1.0 | 100 | 0 | — |
| 10.0 | 1.0 | 54 | 46 | 5 |
| 10.5 | 1.0 | 0 | 100 | 6 |
| 11.5 | 1.0 | 0 | 100 | 6 |
| 12.0 | 1.5 | 0 | 100 | 6 |
| 12.5 | 1.5 | 100 | 0 | 6 |
| 20.0 | 1.5 | 100 | 0 | 6 |
| 20.5 | 1.0 | 100 | 0 | 6 |

（3）检测：254 nm。

（4）柱温：38 ℃。

（5）色谱图如图 6-1-2 所示。

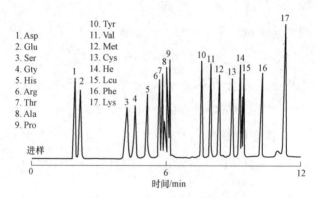

1. Asp
2. Glu
3. Ser
4. Gty
5. His
6. Arg
7. Thr
8. Ala
9. Pro
10. Tyr
11. Val
12. Met
13. Cys
14. He
15. Lcu
16. Phe
17. Lys

图 6-1-2　柱前衍生法氨基酸色谱图

## 二、碳水化合物

碳水化合物就是通常所说的糖类，也称为碳水化合物，是由碳、氢、氧三种元素组成的一大类化合物。食物中的碳水化合物是供给人体热能的主要物质，人体活动热能的 60%～70%由它供给；碳水化合物是构成神经和细胞的主要成分，参与许多生命过程；同时也是蛋白质、脂肪代谢的必要物质，并且是人体必需的重要营养素之一。

食物中常见的碳水化合物的种类较多，按其结构可分为单糖、双糖和多糖；

按理化性质可分为还原糖、非还原糖、可溶性糖、不溶性糖、转化糖等。食品中糖类的含量反映了食品中营养素的组成，食物中碳水化合物的测定方法众多，在一般的成分分析中，都是从食物总量中减去水分、蛋白质、脂类、无机盐、灰分等的差值，即为碳水化合物的量。另外，还有一些根据不同原理而建立起来的各种不同的分析方法。测定食物中总糖，一般都采用化学分析法，但是往往要求对各种糖分别进行定量。现在，对各种糖进行分别定量一般都采用色谱法。

气相色谱法对糖进行分别定量。它要求将糖制成具有挥发性的衍生物，操作复杂，且在各种糖的分离上也存在一定困难。纸色谱和薄层色谱法，由于方法精密度存在问题，故不常用，利用高效液相色谱法分析糖的组成及含量是很有前途的。

糖的高效液相色谱分析法有两种，一种是使用化学键合固定相，流动相用乙腈和水的混合物，以单糖、双糖、三糖等的顺序依次流出；另一种是以阳离子交换树脂或凝胶作为固定相、流动相用水。另外还有一些其他的高效液相色谱分析方法。应用 HPLC 法分析糖类，通常采用示差折光检测器作为定量手段。

糖的 HPLC 法作为一种实用分析方法，近年来取得了很大的进展，并广泛地用于食物中糖的分析。目前，利用糖的 HPLC 法分析的食品主要有水果、果汁、牛乳、乳制品、巧克力、儿童食品、保健食品、大豆蛋白质制品、糕点、脱脂油料、种子粉末等。分析的糖主要有果糖、葡萄糖。蔗糖、麦芽糖、乳糖等，另外还检测了海藻糖、棉子糖、水苏糖等。测定时使用化学键合固定相，流动相用乙腈和水的混合物。采用示差折光检测器检测，改变流动相的浓度，也能测定高分子糖类。如果对各种食品分别进行适当的前处理，那么，高效液相色谱法可适用于分析任何食品中糖的含量，下面介绍几个具体应用的实例。

**（一）乳制品中糖的定量法**

1. 原理

样品经适当的前处理后，将糖类的水溶液注入反相化学键合相色谱体系，用乙腈和水作为流动相，糖类分子按其分子量由小到大的顺序流出，经示差折光检测器检测而与标准比较定量。

2. 装置和仪器

（1）高效液相色谱仪：Waters 公司高效液相色谱仪，并带有 510 型高压泵、401 型示差折光检测器、U6K 进样器和 730 型数据处理机。

（2）液相色谱柱：4 mm×30 cm 糖分析专用柱，μ Bondapak Carbohydrate（Waters 公司）。

（3）微量注射器：25 μL。

3. 试剂

（1）糖混合标准原溶液：精确称取在 70 ℃减压干燥的果糖、葡萄糖、蔗糖、麦芽糖、乳糖各 1 g，用水定容至 100 mL。

（2）糖混合标准稀溶液：取原溶液用水稀释至 10 mg/mL，并配制标准系列。

（3）流动相：乙腈＋水（80＋20），用 0.45 μm 有机溶剂微孔滤膜过滤，脱气后使用。

4. 试样溶液的制备

对于含糖量在 10%以下的乳制品（如牛乳、乳饮料、无糖酸奶等），称取 10.00 g 样品；对于含糖量在 10%～40%的乳制品（如加糖酸奶、淡炼乳、冰淇淋等），称取 4 000 g 样品；对于含糖量在 40%以上的乳制品（如奶粉、甜炼乳等），称取 1 000 g 样品。

将样品置于 50 mL 离心管中，加入 50 mL 石油醚，于离心机上以 1 800 r/min 的速度离心分离约 15 min，弃去石油醚层，重复提取至完全除去脂肪。用玻璃榉捣碎残留物，用水定溶到 100 mL。在 85～90 ℃水浴中放置 25 min，取出冷却至室温，并定容至 100 mL，于离心机上以 2 000 r/min 的速度离心 10 min，取部分上清液，用 0.45 μm 微孔滤膜过滤，滤液备用。

5. 测定条件及色谱图

测定条件：

色谱柱：μ Bondapak Carbohydrate（4 mm×30 cm）。

流动相：乙腈＋水（80＋20），2.5 mL/min。

进样：20 μL。

检测器：401 型。

温度：室温。

样品：标准溶液。

色谱图如图 6-1-3 所示。

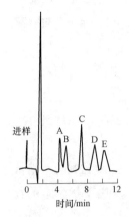

注：A—果糖；B—右旋葡萄糖；C—蔗糖；D—麦芽糖；E—乳糖

图 6-1-3　乳制品中糖分的分离

6. 测定和计算

取上述试样溶液 20 μL，进行 HPLC 分析；同样，注入 20 μL 糖标准溶液，进行 HPLC 分析，以保留时间定性，以峰高或峰面积结合标准曲线法定量。

## （二）玉米糖浆中糖的定量法

1. 原理

将玉米糖浆溶液通过阳离子交换凝胶柱，糖类由于分子的排斥与选择性吸附分离，按分子量由大到小的顺序由柱中流出，经示差折光检测器测定，用电子积分仪以适宜的标准按百分归一化法定量各峰。

2. 仪器的装置

（1）高效液相色谱仪：Waters 公司高效液相色谱仪，并带有 510 型高压泵和 410 型示差折光检测器以及 U6K 进样器。

（2）电子积分仪：Waters745 型数据处理机。

（3）液相色谱柱：6.5 mm×30 cm Suger Pak I（Waters 公司）。

（4）柱温控制附件：（78±0.1）℃（Waters 公司）。

（5）微量注射器：25 μL。

3. 试剂

（1）流动相：经 0.22 μm 微孔过滤器过滤，并脱气的水。

（2）混合离子交换树脂：pH 为 4～5 的阳离子交换树脂和 pH 为 6～7 的羽碱性离子交换树脂等量混合。

（3）糖标准品：葡萄糖、果糖、麦芽糖、麦芽三糖、阿洛酮糖用 42DE 酸糖代玉米糖浆配制。

（4）糖标准溶液：将各种糖标准品加到 42DE 玉米糖浆中配制。

4. 试样溶液的制备

将试样溶液换算成干基，制成 12%的水溶液，取此液 6 g，加入 0.3 g 混合离子交换树脂，振摇 10 min，除去干扰测定的物质。

5. 测定条件及色谱图

测定条件如下。

流动相：$H_2O$，0.5 mL/min。

进样量：20 μL。

检测器：410 型。

温度：柱温为 78 ℃，检测器为 45 ℃。

样品：42DE 玉米糖浆。

色谱图如图 6-1-4 所示。

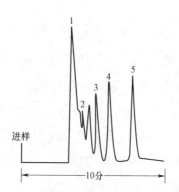

注：1—高聚物；2—四聚糖；3—三聚糖；4—麦芽糖；5—右旋葡萄糖

图 6-1-4　玉米糖浆中糖分的分离

6. 测定及计算

注入试样溶液 20 uL（含固形物 3.5 mg），进行 HPLC 分析；注入糖标准溶液 20 uL（含固形物 3.5 mg），同样进行 HPLC 分析。将所得谱图用数据处理机计算，采用百分归一化计算法，计算试样中各种糖的百分含量。

## 三、有机酸

随着食品科学研究进展，有机酸不仅作为食品的酸味成分，而且在食品加工、贮存、品质管理、质量评价以及生物化学等领域，有机酸都是食品中重要的组成成分之一，并且在对人类生理作用上起着重要的作用。它能刺激胃肠蠕动和消化液分泌，对促进人们的食欲和帮助消化起着重要的作用。

过去，在测定食品中有机酸时，往往只测定总酸度，由于科学的发展要求还要测定食品中特定的酸的含量，甚至有时要求了解全部有机酸的组成等。

目前，对于有机酸的分析，常用的方法有纸色谱、薄层色谱、气相色谱以及离子交换色谱等。近年来，由于高效液相色谱分析法的广泛应用，最近也用于有机酸的分析，但应用在临床化学、生理体液分析方面的报道较多，应用于食品分析的报道较少。现在，我们将利用高效液相色谱法分析食品中有机酸的方法简介如下：

### （一）原理

样品经处理后，直接注入反相化学键合相色谱体系，用 0.5%$(NH_4)_2HPO_4$ 溶液为流动相，有机酸在两相中分配分离，按照其碳数多少由少到多从柱中流出。经紫外检测器（214 nm）或示差折光检测器测定而与标准比较定量。

### （二）仪器和装置

（1）高效液相色谱仪：Waters 公司液相色谱仪，并带有 510 型高压泵和 U6K 进样器及 745B 数据处理机。

（2）检测器：紫外检测器 Waters 公司 441 型固定波长紫外/可见光检测器、示差折光检测器、Waters 公司 401 型示差折光检测器。

（3）液相色谱柱：8 mm × 10 cm Radial-PAKC$_{18}$ Cartridge，5 μm（Water

公司）。

（4）净化柱：SEP-PAKC$_{18}$ Cartridge（Waters 公司）。

（5）Z 型加压组件或 RCM-100 型加压组件（Waters 公司）。

（6）微量注射器：25 μL。

### （三）试剂

（1）有机酸标准溶液：取单个有酸机标准（酒石酸、苹果酸、乳酸、醋酸、柠檬酸、延胡索酸、琥珀酸）于 50 mL 容量瓶中，用 0.01 mol/L NaOH 溶液溶解，后定容，并配制标准系列。

（2）流动相：0.5%(NH$_4$)$_2$HPO$_4$ 溶液，用 H$_3$PO$_4$，调 pH 至 2.8，经 0.45 μm 微孔滤膜过滤，脱气后使用。

### （四）试样溶液的制备

对于液体样品，如清凉饮料、酒精饮料、咖啡溶液等，酱油、醋等需经 10 倍以上的稀释，用 SEP-PAK C$_{18}$ 净化柱处理，收集馏出液，经 0.45 μm 微孔滤膜过滤后备用。

对于固体或半固体样品，如水果、蔬菜、腌制的农产品、蛋黄酱、咖啡等。将样品酱碎，均质后，加入一定量的 0.01 mol/L NaOH 溶液提取，经离心分离或过滤后收集提取液，用 SEP-PAK C$_{18}$ 净化柱处理，收集馏出液，经 0.45 μm 微孔滤膜过滤后备用。

### （五）测定条件和色谱图

测定条件如下。

色谱柱：5 μm Radial-PAK C$_{18}$ Cartridge（8 mm × 10 cm）。

流动相：0.5%(NH$_4$)$_3$HPO$_4$ 溶液，用 H$_3$PO$_4$ 调 pH 至 2.812 mL/min。

进样量：10 μL。

检测器：紫外检测器 441 型，214 nm，0.1AUFS 示差折光检测器 401 型。

温度：室温。

样品：标准溶液。

色谱图如图 6-1-5 所示。

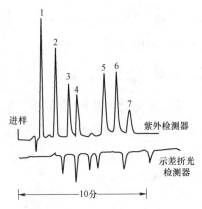

注：1—酒石酸；2—苹果酸；3—乳酸；4—醋酸；5—柠檬酸；6—延胡索酸；7—琥珀酸

图 6-1-5　有机酸的分离

### （六）测定和计算

注入有机酸标准系列溶液各 10 μL，进行 HPLC 分析；同样，注入试样溶液 10 pL，进行 HPLC 分析。以保留时间定性，以峰高或峰面积结合标准曲线定量。

# 第二节　食品添加剂的分析

食品添加剂有 23 个类别，2 000 多个品种。本节主要对其中的甜味剂、发色剂、防腐剂的分析作出阐述。

## 一、甜味剂

为了增加食品的甜味，常常使用甜味剂，天然甜味剂有蔗糖、葡萄糖、甘草酸钠盐等。人工甜味剂有糖精及其钠盐，环己基氨基磺酸钠（Sodium Cyclamate）和甘精（Dul-Cin）。甘精毒性大，各国都禁止使用。我国准许使用糖精钠、环己基氨基磺酸钠、天门冬酰苯丙氨酸甲酯、麦芽糖醇、D-山梨糖醇、甘草和甜叶菊等。

糖精钠是使用历史最长的人工合成甜味剂之一，人们在 1950 年以前都认为它对人体无害。1955 年美国食品保护委员会确定人膳食最大允许量为 1 g/人·d，WHO 于 1968 年和 1974 年两次开会对糖精钠的安全性进行评价，制定

ADI 为 0～5 mg/kg。1977 年第 21 次会议确定 ADI 改为 0～2.5 mg/kg。本小节就对液相色谱法在糖精钠分析中的应用作出阐述。

### （一）饮料中糖精钠苯甲酸、山梨酸的测定

汽水、果汁、配制酒等经过滤后的滤液，直接注入高效液相色谱仪中，可将糖精钠,苯甲酸、山梨酸分离测定。采用 Waters 公司的经向加压μBondapak $C_{18}$ 反相柱，以甲醇和 0.02 mol/L 乙酸铵为流动相。方法添加回收率 90%～120%，重现性良好，相对标准差±（0.6%～3.5%）。

1. 试剂

（1）甲醇：分析纯，经滤膜（HF0.5 μm）过滤；

（2）0.02 mol/L 乙酸铵溶液：1.26 g 乙酸铵加 1 000 mL 水，溶解后，经滤膜（HA 0.45 μ）过滤；

（3）苯甲酸标准贮备液：称取苯甲酸 0.100 0 g 加 2%碳酸氢钠溶液 1 mL，搅拌溶解，加水定容到 100 mL（1 mg/mL）。

（4）山梨酸标准贮备液：称取山梨酸 0.100 g，加 2%碳酸氢钠溶液 1 mL，搅拌溶解，加水定容至 100 mL（1 mg/mL）；

（5）糖精钠标准贮备液：称取 0.085 1 g 无水糖精钠（120 ℃烘干 4 h）放入 100 mL 容量瓶中，加水溶解，定容 100 mL（1 mg/mL，以 $CH_4NNaSO_3 \cdot 2H_2O$ 计）；

（6）糖精钠-苯甲酸-山梨酸混合标准溶液：取糖精钠、苯甲酸标准贮备液各 10 mL，山梨酸标准贮备液 5 mL，放入 100 mL 容量瓶中，加水至 100 mL。此标准溶液每毫升含糖精钠、苯甲酸各 0.1 mg，含山梨酸 0.05 mg。

2. 仪器

高效液相色谱仪 Waters 公司；泵为 M6000A；进样器为 710B 自动进样器；检测器为 M481 UV，可变波长。

3. 操作方法

（1）汽水：取样 10 g 放小烧杯中，微温除去 $CO_2$，用 1：1 氨水调 pH 约 7。加水定容成 20 mL，经滤膜（HA 0.45 μm）过滤。

（2）果汁类：取样 10 g，用 1：1 氨水调 pH 至 7，加水定容成 20 mL，离心沉淀，上清液经滤膜（HA 0.45 μm）过滤。

（3）配制酒：取样 10 g 放小烧杯中，水浴加热至蒸除乙醇，用 1：1 氨水

调 pH 约 7，加水定容成 20 mL，经滤膜（HA0.45 μm）过滤。

4. 高效液相色谱条件

（1）柱：RADIAL PAK μ BONDA PAK $C_{18}$8 nm×10 cm 粒径 10 μm；

（2）流动相：甲醇为 0.02 M 乙酸铵（5:95）；

（3）流速：1 mL/min 或 2 mL/min；

（4）检测器：UV230 nm；

（5）灵敏度：0.2 或 0.1AUFS。

根据 $R_t$ 值定性，外标法定量。糖精钠、苯甲酸、山梨酸的色谱如图 6-2-1 所示。

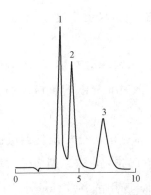

注：1—苯甲酸；2—山梨酸；3—糖精钠

图 6-2-1　糖精钠、苯甲酸、山梨酸色谱图

5. 注意

（1）溶液的 pH 对测定和柱寿命有影响，pH 小于 2 大于 8 对 $R_t$ 值有影响，并且对柱有侵蚀作用，以中性为宜。

（2）山梨酸的灵敏测定波长为 254 nm，但糖精钠和苯甲酸的灵敏度较低，为了照顾三者的灵敏度，本法采用测定波长为 230 nm。

（3）本方法不受蔗糖，柠檬酸和合成色素的影响，并可同时测定抗坏血酸，其 $R_t$ 值为 1.86 min。

**（二）饮料中糖精、咖啡因、苯甲酸的测定**

1. 原理

样品经微孔滤膜过滤后直接进样，反相色谱分离，糖精钠、咖啡因、苯甲酸依次出峰，紫外检测器检测，外标法进行定性、定量。

2. 试剂

（1）甲醇：分析纯；

（2）0.02 mol/L 醋酸铵溶液：称取醋酸铵 1.54 g，加水 950 mL 溶解后，以 1:1 醋酸调节 pH 至 4，定容至 1 000 mL，经滤膜（HF 0.45 μm）过滤；

（3）糖精钠标准溶液：精密称取 0.851 g 经 120 ℃干燥 4 h 的糖精钠，溶于水，移入 100 mL 容量瓶，加水至刻度，混匀。此溶液每毫升相当于糖精钠（$C_7H_4NNaSO_3 \cdot 2H_2O$）1 mg。

（4）咖啡因标准溶液：精密称取 0.100 0 g 经 80 ℃干燥 4 h 的咖啡因，溶于水，移入 100 mL 容量瓶，加水至刻度，混匀。此溶液每毫升相当于加咖啡因 1 mg。

（5）苯甲酸标准溶液：精密称取苯甲酸 0.100 0 g，加 1%碳酸氢钠溶液 2 mL，搅拌至完全溶解，移入 100 mL 容量瓶，加水至刻度，混匀。此溶液每毫升相当于苯甲酸 1 mg。

（6）糖精钠、咖啡因、苯甲酸混合标准使用液：吸取糖精钠、咖啡因和苯甲酸标准溶液各 5.0 mL，置于 50 mL 容量瓶中，水稀至刻度，摇匀。此溶液每毫升相当于糖精钠、咖啡因、苯甲酸各 0.1 mg。

3. 仪器

（1）高效液相色谱仪 Waters 公司带紫外检测器、泵 M6000A、U6K 进样器；

（2）离心机；

（3）M-50 型过滤器。

4. 操作方法

（1）汽水、可乐型饮料：取均匀试样置于小烧杯中，微温除去二氧化碳，经双层滤膜（HF 0.45 μm）过滤后供进样用。

（2）果汁类：取均匀试样置于离心管中，离心沉淀，上清液经双层滤膜（HF 0.45 μm）过滤后供进样用。

（3）高效液相色谱条件

柱：Zorbax-ODS，4.6 mm × 25 cm；

流动相：甲醇为 0.02 mol/L 醋酸铵（$pH_4$）25:75；

波长：220 nm；

流速：1.0 mL/min；

柱温：40 ℃；

压力：100 kg/cm²；

衰减：0.08AUFS。

（4）进样：混合标准使用液 10 μL，样液 10 μL。

（5）根据 $R_t$ 定性，外标法定量，可同时测得样液中糖精钠、咖啡因、苯甲酸的含量。

色谱图如图 6-2-2 所示。

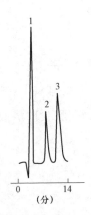

注：1—糖精钠；2—咖啡因；3—苯甲酸

图 6-2-2　糖精钠、山梨酸、苯甲酸色谱图

## （三）食品中糖精钠、山梨酸、苯甲酸的测定方法

1. 试剂

（1）10%氢氧化钠溶液；

（2）0.2 mol/L 硼酸钠溶液；

（3）标准溶液：将山梨酸钾、糖精钠、苯甲酸钠分别用水配成 1 mg/mL 的溶液，用 0.2 mol/L 硼酸钠稀释成使用浓度。

2. 仪器

高效液相色谱仪带紫外检测器。

3. 试样预处理

（1）水溶性液状试样

葡萄酒、配制酒、清凉饮料等透明试样，可不必预处理。啤酒和可拉等含二氧化碳的饮料，先加温除去二氧化碳。各种果汁饮料、发酵乳、乳酸菌等酸性饮料，混浊试样，用 10%氢氧化钠溶液调 pH 为 8，离心分离（6 000 r/min），取上清液数毫升，用过滤膜（0.45 μm）过滤，滤液即为试样溶液。

（2）固体试样

鱼和鱼制品、肉和肉制品、腌制品、鱼贝干等，取试样放打碎机中，加适量水，均质化，取相当 10 g 试样的匀浆，加 0.2 mol/L 硼酸钠溶液 5 mL，加水使成 50 mL，摇匀，用玻璃过滤器过滤或离心分离，上清液用滤膜（0.45 μm）过滤，滤液即为试样溶液。

4. 高效液相色谱条件

柱：permaphase AAX（1 m × 21 mm id）；

检测器：UV（254 nm）0.02～0.04AUFS；

流动相：0.02 mol/L 硼酸钠、硼酸缓冲溶液（pH 为 8.0），内含 0.001 mol/L 过氯酸钠溶液；

柱入口压力：70 kg/cm$^2$；

试样注入量：5 μL。

5. 定性和定量

根据保留时间定性，和预先制备好的标准曲线计算试样中被检物含量。

方法回收率 90%～100%，含蔗糖小于 5%对本法无干扰。标准曲线变异系数 1%～3%。根据上述色谱条件山梨酸 $R_t$ 4 min、苯甲酸 5 min、糖精 11 min。

## 二、发色剂

硝酸盐和亚硝酸盐自古以来就是肉制品的发色剂和防腐剂，肉的红色素是肌红蛋白（Myoglobin，Mb）和血红蛋白（Hematoglobin，Hb）构成。它们结构中的铁为亚铁，经空气氧化分别生成高铁肌红蛋白和高铁血红蛋白，失去原有的鲜红色泽。肉中加入硝酸盐被亚硝基化菌作用产生亚硝酸，连同添加的亚硝酸盐和肉中肌红蛋白作用生成亚硝基肌红蛋白（MbNo），其结构中的亚铁不再被氧化成高铁，因而可保持肉的鲜红色。亚硝酸盐和食品（特别是鱼类）中存在的仲胺类反应产生致癌性物质亚硝胺，因此各国对亚硝酸盐的使用采取限制措施。

我国允许在肉制品中使用硝酸钠和亚硝酸钠，残留量以亚硝酸钠计应不超过 $0.03\sim0.05$ g/kg。日本规定不超过 $0.005\sim0.07$ g/kg，FAO/WHO 规定 ADI0～0.2 mg/kg。

接下来对肉制品中硝酸盐和亚硝酸盐进行分析。

**（一）原理**

硝酸盐和亚硝酸盐在酸性和银盐存在下与二甲苯酚作用，分别生成 4-硝基-2、6-二甲苯酚和 4-亚硝基-2、6-二甲苯酚。用高效液相色谱进行分离和测定，添加回收率硝酸盐 $98.47\%\sim101.78\%$、亚硝酸盐 $98.46\%\sim100.27\%$，方法精密度（C.V.）$1.47\%\sim5.35\%$。共存物苯甲酸、山梨酸、对羟基苯甲酸、BHA、抗坏血酸、草酸、氯化钠、氯化铵和磷酸二钠各 $50\sim100$ μg，不干扰本试验。

**（二）试剂**

（1）亚硝酸钠标准溶液：精密称取 $0.400\ 0$ g 预先在硅胶（或硫酸）干燥器中干燥 24 h 的亚硝酸钠，加水溶解，移入 1 000 mL 容量瓶中，加水至刻度，摇匀。1 mL ＝ 400 μg $NaNO_2$。

（2）硝酸盐标准溶液：称取预先在 $105\sim110\ ℃$ 干燥恒重的硝酸钠 $0.400\ 0$ g，加水溶解，移入 1 000 mL 容量瓶中，加水至刻度，摇匀。1 mL 含 400 μg $NaNO_3$。

（3）2,6-二甲苯酚溶液：称取 0.122 g 2,6-二甲苯酚溶于冰乙酸中成 100 mL（0.01 M）。

（4）内标准溶液：4,6-二硝基邻甲酚 10 mg 溶于 100 mL 氯仿中。

（5）4-硝基-2,6-二甲苯酚、4-亚硝基-2,6-二甲苯酚、硫酸、磷酸、硫酸银、氨基磺酸等都用特纯品。

**（三）仪器**

高效液相色谱仪，带紫外检测器。

**（四）试样溶液制备**

称取均匀捣碎的肉制品（火腿、腊肠等）10 g，加适量 80 ℃水，捣碎之后，移入 200 mL 容量瓶中，用温水洗容器数次，放入容量瓶中，加 0.5 N 氢氧化钠溶液 10 mL，振摇，加 12% $ZnSO_4 \cdot 7H_2O$ 溶液 10 mL，振摇，80 ℃水浴中不断振摇加热 20 min。冷至室温，加水至 200 mL，混合之后，放 10 min，过滤，滤液为试样试验溶液。

### （五）定量操作

#### 1. 亚硝酸盐

取试样试验溶液 5 mL 和稀硫酸（1＋3）4 mL 放入带塞试管中，加硫酸银 0.1 g 振摇混合，用水冷却后，加 2,6-二甲苯酚试液 1 mL，在 40 ℃水浴中反应 30 min，冷却，准确加内标准溶液 1 mL 和氯仿 4 mL，振摇提取。静置分离后的氯仿提取液 10 μL 注入高效液相色谱仪。

另取含亚硝酸钠 0.05 μg/mL、0.10 μg/mL、0.20 μg/mL、0.50 μg/mL、1.0 μg/mL、2.0 μg/mL、5.0 μg/mL、8.0 μg/mL 和 10 μg/mL 的标准溶液，和试样试验溶液同样操作，作成标准曲线。

#### 2. 硝酸盐

取试样试验溶液 1 mL 和硫酸磷酸混合溶液（3：1）8 mL 放入带塞试管中，加氨基磺酸 0.1 g，振摇，放 3 min，加硫酸银 0.1 g 振摇，用水冷却，加 2,6-二甲苯酚试液 1 mL，在 40 ℃水浴中反应 5 min，冷却，准确加内标准溶液 1 mL 和氯仿 4 mL，振摇提取，取静置分离后的氯仿提取液 10 μL 注入高效液相色谱仪。

另取含硝酸钠 0.5 μg/mL、1.0 μg/mL、2.0 μg/mL、5.0 μg/mL、8.0 μg/mL 及 10 μg/mL 的标准溶液和试样试验溶液同样操作，制成标准曲线。

### （六）高效液相色谱条件

柱：Zorbax Sil（250 mm×4.6 mm id）；

流动相为氯仿：甲醇：乙酸（98：1：1）；

流速：1 mL/min；

检测器：UV（310 nm）；

进样量：10 uL，根据峰高用内标准法定量。

4-硝基-2,6-二甲苯酚和 4-亚硝基-2,6-二甲苯酚色谱图如图 6-2-3 所示。

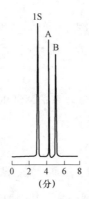

注：A—4-硝基-2,6-二甲苯酚；B—4-亚硝基-2,6-二甲苯酚；

1S—4,6-二硝基-邻-甲酚（内标准）

图 6-2-3　4-硝基-2,6-二甲苯酚和 4-亚硝基-2,6-二甲苯酚色谱图

## 三、防腐剂

防腐剂可以抑制食品上微生物的繁殖或杀灭之，防止食品腐败变质，保持食品的鲜度和良好品质。常用的防腐剂有苯甲酸及其钠盐、山梨酸及其钾盐、对羟基苯甲酸酯，以上三种防腐剂主要用于酱油、醋、果汁、汽水、果酱果子露和罐头等。此外，还有二氧化硫用于葡萄酒，果酒，丙酸钙（或钠）主要用于面包、糕点、酱油、醋、黄油和乳制品，脱氢醋酸主要用于人造黄油、干酪等。

本小节主要论述的是液相色谱法在对羟基苯甲酸酯分析中的应用。

### （一）食品中对羟基苯甲酸酯的测定

1. 试剂

（1）甲醇：分析纯，经滤膜（FH 0.5 μm）过滤；

（2）乙醇：分析纯；

（3）氯化钠：分析纯；

（4）无水硫酸钠：分析纯；

（5）乙醚：无水；

（6）1∶1 盐酸溶液：分析纯盐酸加蒸馏水 1∶1 稀释；

（7）0.02 mol/L 醋酸铵溶液：1.54 g 醋酸铵加蒸馏水至 1 000 mL，溶解之后，经滤膜（HA 0.45 μm）过滤；

（8）对羟基苯甲酸酯标准溶液：分别配制每毫升含 PHBA-Rr 和 PHBA-Bu、PHBA-Et 1.0 mg 的乙醇标准储备液。临用时，用乙醇稀释成 0.1 mg/mL。

2. 仪器

高效液相色谱仪，Waters 公司；泵：M6000A；检测器：M481UV，可变波长；进样器：U6K。

3. 操作方法

（1）样品预处理：果汁、果酱、酱油、醋、清凉饮料等液状食品，称取 5.00 g 样品，加水 10 mL 稀释，移入分液漏斗中。加氯化钠 2 g，振摇溶解，加 1∶1 盐酸溶液 2 mL，用乙醚提取 3 次，每次 20 mL，合并乙醚提取液，用 10 mL 水洗涤一次，弃去水层，乙醚层加 2 g 无水硫酸钠脱水，过滤，水浴上加温蒸发乙醚，残留物加 5.00 mL 乙醇溶解，取 10 μL 进高效液相色谱仪。

水果、蔬菜，称样品 50.0 g，用乙醇淋洗表面残留的 PHBA-R，乙醇淋洗液浓缩，最后定容 5.00 mL。

（2）高效液相色谱条件

柱：RADIAL PAKμBONDA PAK C$_{18}$（8 mm × 10 cm 10 μm）或国产 YWG-C$_{18}$10 μm 4.6 × 250 mm 不锈钢柱；

流动相：甲醇为 0.02 mmol/L 醋酸铵（65∶35）；

流速：2 mL/min；

进样量：10 μL；

检测器：UV250 nm、0.2AUFS。

根据 $R_t$ 定性，外标法定量。

对羟基苯甲酸酯类的高效液相色谱图如图 6-2-4 所示。

### （二）饮料中对羟基苯甲酸酯、苯甲酸、山梨酸的测定

苯甲酸和山梨酸是果汁饮料和软饮料常用的防腐剂。对羟基苯甲酸甲酯和丙酯多用作其他食品防腐剂，它与苯甲酸钠联用时即可作为果实制品与饮料的防腐剂，又可提高苯甲酸钠的防腐有效的 pH 上限。此外，对羟基苯甲酸酯具有稳定、耐高温（耐蒸气消毒）及低湿的特点。测定橙汁中防腐剂的方法有几种，如乙醚萃取紫外分光光度法、薄层色谱法等，但这些方法样品前处理手续繁杂，干扰因素多。

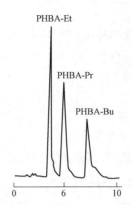

注：PHBA-Et 为对羟基苯甲酸乙酯；PHBA-Pr 为对羟基苯甲酸丙酯；

PHBA-Bu 为对羟基苯甲酸丁酯

（各 10 μg）

图 6-2-4　PHBA-Et、PHBA-Pr、PHBA-Bu HPLC 图

采用高效液相色谱法测定橙汁饮料中苯甲酸、山梨酸、对羟基苯甲酸甲酯和丙酯，方法快速、准确，能满足日常分析工作要求。添加回收率 93% 以上，检测限苯甲酸 0.2、山梨酸 0.5、对羟基苯甲酸甲酯和丙酯 $1.0 \times 10^{-6}$，它们比各自的通常用量低 10 到 100 倍。

1. 试剂

（1）苯甲酸标准溶液：精密称取基准苯甲酸 1.0 g，加 200 mL 甲醇溶解，移入 1 000 mL 容量瓶中，加去离子水至刻度，混匀，同时稀释。

（2）山梨酸、对羟基苯甲酸甲酯和丙酯标准溶液的配制方法同苯甲酸标准溶液，同时稀释。

2. 仪器

高效液相色谱仪：Waters Associales6000A 型泵；U6K 型进样器；1202 型分光光度计；Hewlet Packard1040-A 型光电二极管检测系统（检测峰纯度）。

3. 试样制备

取 6 g 橙汁于 50 mL 离心管中，离心（1 500 r/min）5 min，备用。用 2 mL 甲醇和 4 mL 水相继流过 Sep-PakC$_{18}$ 层析柱，准确吸取 1.0 mL 橙汁离心上清液注入已调整好的层析柱中，流出的液体弃去，最后用 3 mL 甲醇洗脱防腐剂，洗脱液经滤膜（0.45 μm）过滤后备用。

4. 测定步骤

将上述试样制备液或防腐剂标准应用液各 10 uL 注入色谱仪色谱柱中，用外标法以峰高计算各防腐剂含量。

5. 高效液相色谱条件

柱：刚性聚苯乙烯-二乙烯苯树脂 Chodex RS PakDS-613（150 mm×60 mm id），防护柱 RP-18（40 mm×3 mm）。

流动相：0.05 mol/L 磷酸二氢钾溶液（pH 为 2.65）与乙腈按 60∶40（v/v）比例混合，0.45 μm 滤膜过滤、使用前脱气。

流速：1.0 mL/min。

检测器：UV（230 nm）。

进样量：10 μL。

**（三）酱油中糖精、苯甲酸、对羟基苯甲酸酯的测定**

1. 试剂

（1）乙醚：分析纯；

（2）甲醇：高效液相色谱用；

（3）0.03 mol/L 乙酸钠溶液：称 0.39 gCH$_3$COO-Na·3H$_2$O 溶于 1 000 mL 水中，经滤膜 0.45 μm 过滤。

（4）乙酸：分析纯。

（5）糖精钠标准溶液：先配制含糖精钠 1 mg/mL 的溶液，然后用水稀释成每毫升含 50 ug、100 ug、150 ug、200 ug、250 ug、300 ug 的应用溶液。

（6）苯甲酸标准溶液：配制方法及浓度同糖精钠。

（7）对羟基苯甲酸酯：取对羟基苯甲酸乙酯、丙酯、异丙酯、丁酯、异丁酯各 100 mg，分别加乙醇至 100 mL，使用时分别用水稀释成 5.0 ug/mL、10.0 ug/mL、15.0 ug/mL、20.0 ug/mL、25.0 ug/mL、30.0 ug/mL。

2. 仪器

高效液相色谱仪带紫外检测器。

3. 试样溶液制备

取酱油 5 mL，称重，移入分液漏斗中，加 10%盐酸成酸性，用 30 mL、30 mL、20 mL 乙醚提取三次，合并乙醚提取液，用 5 mL 水洗涤一次，弃去水洗涤，乙

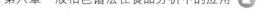

醚提取液减压蒸发，残渣溶于 2 mL 甲醇，然后加水至 10 mL，经滤膜 0.45 μm 过滤。

4. 高效液相色谱条件

柱：μ Bondapak C$_{18}$（30 cm × 4 mm id）

流动相为 A 液：0.03 mol/L 乙酸钠溶液：乙酸：甲醇（91.7：3.3：5）；B 液：同上其比例为 28.5：1.5：70。

梯度：开始 B 液 40%保持 5 min；第一步 B 液 40%（8%/min）；第二步 B 液 80%（2%/min）继续 5 min。

柱温：40 ℃。

检测器：UV（254 nm）。

灵敏度：0.16AUFS。

进样量：10 μL。

5. 标准曲线

糖精钠和苯甲酸由 50 μg/mL、100 μg/mL、150 μg/mL、200 μg/mL、250 μg/mL 和 300 μg/mL。对羟基苯甲酸酯类由 5 μg/mL、10 μg/mL、15 μg/mL、20 μg/mL、25 μg/mL 和 30 μg/mL 的浓度制成标准曲线。

本法添加回收率 97.0%～99.5%。

# 第三节　食品污染物的分析

食品污染物来源广泛，成分复杂，主要来自：环境污染物；天然存在于食物中的某些有害物质；通过食品添加剂进入的有害物质，从食品包装容器或工具、管道而进入食品的有害物质，从食品加工、贮藏、烹调过程中产生的某些有害物质。

食品污染物，按其性质可分为三大类：（1）生物性污染。有微生物，包括细菌及其毒素、霉菌及其毒素、寄生虫等。（2）化学性污染。有化学性农药（有机氯、有机磷、氨基甲酸酯等）、工业有害污染物如汞、砷、镉、铅、铬、多环芳烃等。食品添加剂如合成色素、防腐剂、防霉剂等，食品包装材料中的单体、抗氧化剂、增塑剂、有害金属等。（3）放射性物质的污染。

本节要阐述的是液相色谱法在霉菌毒素、多环芳烃、多氯联苯分析中的应用。

## 一、霉菌毒素

本小节阐述的是对霉菌毒素中赭曲霉毒素的测定。

赭曲霉毒素是赭曲霉、硫色曲霉和蜂密曲霉以及鲜绿青霉产生的一类毒素。因其结构不同，又可分为赭曲霉毒素 A、B 二组，A 组的毒性较大。

赭曲霉毒素主要污染粮食、花生等，棉籽、咖啡、火腿、鱼制品和饲料中都曾分离出有毒的赭曲霉。食品自然污染后，主要检出赭曲霉毒素 A，美国在玉米中检出 110～150 μg/kg。

赭曲霉毒素对大鼠经口 LD50 为 20 mg/kg，一日龄大鼠为 3.7 mg/kg，一日龄鸭雏 25 μg/只，一日龄鸡雏为 100～200 μg/只，赭曲霉毒素 A 主要侵害动物肝和肾。在南非肝癌高发区的粮食中曾分离出赭曲霉，有人怀疑与赭曲霉毒素有关，但在动物实验中未见致癌作用。

### （一）试剂

（1）赭曲霉毒素标准溶液：将赭曲霉毒素 A 和 B 溶于乙腈，分别配为 1 μg/mL 的标准溶液。

（2）甲基化用甲醇：在高纯甲醇中加适量无水硫酸钠，放置 12 h 以上。

（3）甲醇、碳酸氢钠溶液：甲醇和 1%碳酸氢钠溶液等量混合。

（4）净化柱用硅胶：硅胶（Kiesel Gel60merck 制）70～230 目，105 ℃活化 2 h，加 15%（w/w）水，混合后放置。

### （二）仪器

（1）高效液相色谱仪：带荧光检测器。

（2）净化用色谱柱管：内径 10 mm，长 20 cm，玻璃管。

### （三）试样溶液制备

精确称取已粉碎试样 25 g，加甲醇、碳酸氢钠溶液 120 mL，匀浆 5 min。移入 200 mL 量筒中，用甲醇、碳酸氢钠溶液洗，并加至 200 mL。混合，离心分离，取上清液 150 mL 放分液漏斗中，加磷酸 2 mL 成酸性，用乙醚提取三次，每次 100 mL，合并乙醚层，用水（乙醚饱和的）洗二次，每次 50 mL，乙醚层用无水硫酸钠脱水，减压下蒸除乙醚，残留物加 5 mL 氯仿（用 1%的氨水饱和的）溶解，按下法进行净化。

将 1 g 硅胶混悬于氯仿，装好净化柱，然后将样品溶液放入净化柱中，用 40 mL 氯仿洗涤，用苯、乙酸（9：1）混合溶液 50 mL 将赭曲霉毒素洗脱，洗脱液用水洗二次，每次 30 mL，再用无水硫酸钠脱水，用玻璃棉过滤，减压下蒸除溶剂残留物溶于 0.5 mL 乙腈中为试验溶液。

### （四）高效液相色谱条件

柱：Fincpak SIL $C_{18}$10 μm（4.6 mm × 250 mm）；

流动相：乙腈：0.1%$H_3PO_4$（50：50）；

流速：0.7 mL/min；

检测器：荧光检测器。

### （五）定性和定量

试样溶液和标准品溶液分别进样 10 uL。根据保留时间定性，根据峰高和峰面积定量。赭曲霉毒素 A 和 B 1～10 ng 范围内峰高和量呈良好直线（见图 6-3-1）。

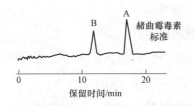

A—赭曲霉毒素 A；B—赭曲霉毒素 B

图 6-3-1　赭曲霉毒素 A 和 B 标准色谱图

### （六）利用赭曲霉素 A 和 B 的甲酯化物进行确证

检出赭曲霉毒素 A 或 B 的试样，或对检出有疑问的试样，可将试样提取溶液放带螺旋活塞的试管中，减压下蒸除溶剂，残留物中加 10 mL 甲基化用甲醇，使溶解，加硫酸 0.2 mL，然后加无水硫酸钠 1 g，混合，密塞。100 ℃的油浴中加热 20 min，冷后，用 10 mL 水洗入分液漏斗中，用 100 mL 正己烷提取三次，合并己烷层，用无水硫酸钠脱水，用玻璃棉过滤，减压下蒸除溶剂，残留物加乙腊 0.25 mL 溶解，按下述条件进行确证。

柱：Finepak SIL $C_{18}$10 μm 4.6 mm × 250 mm。

流动相：乙腈与水比例（50∶50）。

流速：1 mL/min。

检测器：荧光检测器：A-Me Ex＝327 nm Em＝465 nm，B-Me Ex＝315 nm，Em＝460 nm。

进样量：10 μL。

赭曲霉毒素 A 甲酯保留时间为 26 min，赭曲霉毒素 B 甲酯为 17 min。

本方法添加回放率，赭曲霉毒素 A 为 87%～100%，赭曲霉毒素 B 为 85%～100%，确证限度换算成样品为 $2 \times 10^{-9}$。

## 二、多环芳烃

多环芳烃（Polycyclic Aromatic Hydrocabons，PAH）是一类化学致癌物，它是由二个和二个以上苯环联在一起的化合物。从形式来讲，可分为非稠环型如联苯、联三苯，稠环型如萘、蒽。

食品中多环芳烃大致有三方面的来源：一是植物、细菌、藻类的内源性合成，使森林土壤、海洋沉积物中天然存在着多环芳烃化合物；二是环境污染，是目前食品中多环芳烃的重要来源；三是食品加工（如烟熏）和食品包装，也是造成污染多环芳烃的重重途径。

多环芳烃的各种化合物的毒性相差很大，如蒽、芘均无致癌性，而苯并（a）蒽有较弱致癌性，苯并（a）芘有较强的致癌性。

目前在环境中发现的多环芳烃约有百种，苯并（a）芘在多环芳烃中的比例不是很大的，而且是有变化的，因而食品中苯并（a）芘的含量并不能代表多环芳烃总的污染情况。

### （一）试剂

氢氧化钾、甲醇、乙醇、正己烷、乙腈、二甲基亚砜（DMSO）均为分析纯。

### （二）提取方法

试样（湿重 25～100 g，干燥 5～10 g）放入 300 mL 三角瓶加 KOH 10～30 g，加 $H_2O$ 10～20 mL，加乙醇 150 mL，加热回流 1.5～2 h，冷后加水 150 mL 用正己烷提取三次（50 mL×3），弃去碱性乙醇液，收集正己烷层用水洗三次。

（100 mL×3）弃去水层，正己烷层用 DMSO 提取三次（30 mL×3），弃去正己烷层，收集 DMSO 层加水 50 mL，用正己烷提三次（30 mL×3）弃去 DMSO 收集正己烷层，用水洗二次（50 mL×2），$Na_2SO_4$。脱水，用 KD 浓缩器浓缩至 3 mL，加乙腈 3 mL，通 $N_2$ 下蒸除正己烷至 2 mL 为 HPLC 的试验溶液，与标准比较峰高定量。

国际癌症研究中心推荐的前处理方法为：高蛋白食物样品在氢氧化钾甲醇溶液中消化，用环己烷提取；脂肪和植物油在环己烷中溶解；植物性食物样品先用丙酮提取，然后将丙酮蒸发，残留物溶于环己烷。环己烷通过二甲基甲酰胺-水（9:1）的液液分配，弃去环己烷，然后再经水和环己烷萃取二甲基甲酰胺溶液，弃去二甲基甲酰胺液，环己烷浓缩至 1 mL，经硅胶柱将提取液净化，然后用于 HPLC 分析。

**（三）液相色谱条件及色谱图**

（1）柱：十八烷基硅烷（ODS）不锈钢柱 4×150 mm；压力：2 000 psi；流速：2 mL/min；流动相：乙腈＋水（70＋30）；检测器：荧光分光光度计 Ex＝384 nm，Em＝446 nm。进样量：550 μL，色谱图如图 6-3-2 所示。

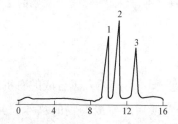

注：1—苯并（b）荧蒽 [B（b）F]；2—苯并（k）荧蒽 [B（k）F]；
3—苯并（a）芘 [B（a）P]

图 6-3-2　三种多环芳烃化合物的分离色谱图

（2）柱：Nuclcasil $C_{18}$，4.6×200 mm；流动相：甲醇＋水（93＋7）；流速：1.0 mL/min；检测器：荧光分光光度计，激发波长 365 nm 狭缝 15 mμ；发射波长 400 nm 狭缝 20 mμ，色谱图如图 6-3-3 所示。

（3）柱：ODS 反相柱；流动相：甲醇＋水（9＋1）；柱温：30C ℃；流速：1.5 mL/min；检测器：紫外检测器，波长 287 nm，色谱图如图 6-3-4 所示。

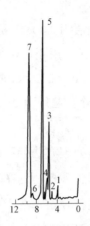

注：1—萘；2—蒽；3—荧蒽；4—芘；5—苯并（a）蒽；6—苯并（e）芘；7—苯并（a）芘

图 6-3-3　七种多环芳烃化合物的分离

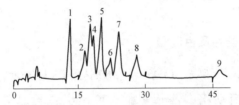

注：1—蒽；2—苯并（r）荧蒽；3—苯并（e）芘；4—苯并（k）荧蒽；5—苯并（a）芘；
6—二甲基苯（a）蒽；7—二苯并（ah）蒽；8—茚并（1，2，3ed）芘；9—二苯并（ai）芘

图 6-3-4　九种多环芳烃化合物的分离

## 三、多氯联苯

多氯联苯（又称氯化联苯）是一类人工合成的有机氯化合物，它们是联苯苯环上的氨氢原子被氯原子置换后所生成产物的总称。英文名称为 Polychorinated Biphenyls，缩写成 PCB。

由于 PCB 具有十分优良的工业特性，因而有着非常广泛的工业用途。它们被大量用作变压器油和电容器油以及制冷设备的热交换剂，制造合成连结剂、润滑剂的原料。此外，还用作木材、金属、水泥制品的保护膜，涂料、油漆的添加剂等。工业上的广泛应用，使 PCB 通过多种途径进入人类环境、食品和生态系统。

PCB 类物质的化学性质稳定，能溶于类脂物质，以使 PCB 可在环境中无限地再循环，在生态系统中持续地积累，对环境和人体造成危害。

## （一）试剂

（1）石油醚（分析纯，30～60 ℃重蒸馏）；

（2）无水硫酸钠（分析纯）；

（3）浓硫酸（分析纯）；

（4）己烷（分析纯）；

（5）硅胶（60～100 目，层析用）。

## （二）样液制备

将采集的样品洗净、晾干，切成小块。取 5 g 样品与 20 g 无水硫酸钠在研钵中研磨后置于具塞三角瓶中，加 40 mL 石油醚放置过夜（或振摇半小时）。过滤，残渣用石油醚溶剂洗 2 次，每次 10 mL，合并滤液，在吹氮气条件下于 40 ℃水浴中浓缩至 5 mL。

取上述提取液加 5 mL 浓硫酸，振摇 20 次，离心，取石油醚 1.0 mL 置于装有 2 g 60～100 目硅胶的柱中（湿法装柱，硅胶上下层各有 1 cm 高的无水硫酸钠），用 7～9 mL 己烷洗脱，流速以逐滴为宜，洗液浓缩至 1 mL，用 $N_2$ 吹干，以流动相溶解残留物，离心，上清液可用于 HPLC 分析。

## （三）液相色谱条件及色谱图

色谱柱：µBONDAPAK phenyl；

流动相：乙腈-水（75＋25）；

检测器：紫外检测器，波长 254 nm。

色谱图如图 6-3-5 所示。

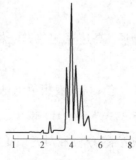

图 6-3-5　多氯联苯 1233 混合物的色谱图

# 参考文献

[1] 姜洁. 食品中危害物液相色谱四极杆飞行时间质谱图集非法添加物质 [M]. 北京：中国轻工业出版社，2022.

[2] 辛杨，王哲，王海军，等. 液相色谱与质谱技术在天然药物研究中的应用 [M]. 北京：化学工业出版社，2020.

[3] 欧阳津，那娜，秦卫东，等. 色谱技术丛书液相色谱检测方法 [M]. 3 版. 北京：化学工业出版社，2020.

[4] 张根岭，王薇. 液相色谱分析与检测 [M]. 北京：中国劳动社会保障出版社，2019.

[5] 宋传忠. 常见高效液相色谱仪的使用与维护 [M]. 北京：北京理工大学出版社，2018.

[6] 宓捷波，许泓. 液相色谱与液质联用技术及应用 [M]. 北京：化学工业出版社，2018.

[7] 李发美. 医药高效液相色谱技术 [M]. 北京：人民卫生出版社，1999.

[8] 中国科学技术情报研究所重庆分所. 国外化学第 1 集高效液相色谱 [M]. 科学技术文献出版社重庆分社，1979.

[9] 赵陆华. 中药高效液相色谱法应用 [M]. 北京：中国医药科技出版社，2005.

[10] 山边武郎，文重，季颖译. 高速液相色谱法概要 [M]. 长沙：湖南科学技术出版社，1980.

[11] 葛薇薇，钱保勇，吴珺，等. 高效液相色谱法测定尿素的含量 [J]. 中国处方药，2022（3）：36-37.

[12] 蒋利. 高效液相色谱仪故障分析和处理 [J]. 石化技术，2022（7）：262-263.

［13］ 姚君尉. 高效液相色谱法原理及其应用［J］. 中国化工贸易，2020（3）：118，121.

［14］ 陈瑞琦，秦国富. PM2. 5中16种多环芳烃的超高效液相色谱法和高效液相色谱法比较［J］. 中国卫生检验杂志，2022（11）：1284-1287.

［15］ 周智明，李静，陈张好，等. 32种氧化型染料的高效液相色谱定量及高效液相色谱-串联质谱确证方法［J］. 色谱，2022（9）：797-809.

［16］ 马素娟. 高效液相色谱故障快速判断与分析［J］. 中文科技期刊数据库（文摘版）工程技术，2022（5）：192-194.

［17］ 姚君尉. 高效液相色谱法原理及其应用［J］. 中国化工贸易，2020（3）：118，121.

［18］ 彭学成，张博，杨静. 超高效液相色谱柱发展现状［J］. 齐鲁石油化工，2020（3）：260-264.

［19］ 徐显利，李凤玉. 高效液相色谱常见故障及处理方法［J］. 食品安全导刊，2020（03）：166.

［20］ 高丽霞. 高效液相色谱仪的应用分析［J］. 百科论坛电子杂志，2020（3）：164-165.

［21］ 罗晓彤. 化学标记结合液相色谱质谱在植物信号分子检测中的应用［D］. 武汉：武汉大学，2019.

［22］ 杨娟. 超高效液相色谱-质谱联用技术在独脚金内酯类化合物定向检测和中药代谢组学上的应用研究［D］. 杭州：浙江农林大学，2022.

［23］ 彭焕军. 新型酯/酰胺高效液相色谱固定相的制备及其分析应用［D］. 重庆：西南大学，2018.

［24］ 姜丽君. 二维离子色谱与联用技术的应用［D］. 青岛：青岛科技大学，2020.

［25］ 吴琳琳. 基于液相色谱-电喷雾检测器联用技术的中药质量分析方法学研究［D］. 杭州：浙江大学，2022.

［26］ 张中英. 高效液相色谱/共振瑞利散射在细胞分裂素、质子泵抑制剂和喷昔洛韦分析中的应用研究［D］. 重庆：西南大学，2021.

［27］纪埔彬. 高效液相色谱串联质谱法测定血浆和细胞内同型半胱氨酸［D］. 汕头：汕头大学，2019.

［28］金鑫鑫. 液相色谱法分析羟基功能化咪唑离子液体的研究［D］. 哈尔滨：哈尔滨师范大学，2019.

［29］刘胜楠. 一种新的高效液相色谱——红外光谱联用接口设计与应用［D］. 石家庄：河北师范大学，2018.

［30］窦娅楠. 分散固相萃取与高效液相色谱联用检测食品及环境污染物的研究［D］. 曲阜：曲阜师范大学，2019.